細胞は会話する
生命現象の真の理解のために
丸野内 棣
Marunouchi Tohru
青土社

目次

細胞は会話する

生命現象の真の理解のために

丸野内棣

まえがき

生命、あるいは生命体とはいったい何でしょうか。それは私たち自身のことでもあるし、地球上に住むおそろしいほどたくさんの仲間たちのことでもあります。そこにはたくましいと同時にすごく弱い面があります。とても変化に富んでいる反面、一定の枠内に収まっています。生命体は地球で生まれ、いろいろな広がりを見せてそこで暮らしています。

生命に対する科学的研究は十九世紀以後本格的におこなわれ、二十世紀後半以降の成果には目覚ましいものがあります。とくに遺伝子の実体が明らかにされ始め、分子生物学が発展すると、謎はほとんど解明されたように見え、そのことに安堵している人々も多いかも知れません。しかし、本当に生命は解明されたのでしょうか。

「生命はコミュニケーション」、より身近な表現で「細胞は会話する」というのが本書のコンセプトです。それは現時点の生命の重要な面を抽出していると思います。しかし読み進むと明らかになるように、生命現象の謎はすべて解けたわけではありません。あちこちに顔を出す深淵な疑問に対して、私なりに必死の解釈をし、推論を試みましたが、それでも満足のいかない部分もあるかもしれません。気のついた方々はもっと納得のいく物語を展開してもらいたいと思います。そして何よりも、どこかをきっかけに一歩踏み込むと、そこから新しい生命の世界がひらけてくるに違いありません。

　第一章では、生命体のユニット、細胞の現在理解されている姿を探ってみました。細胞は小さいけれども、厭わずに分子の世界に視点を置いて、その生きている様子を見ました。細胞は自分で自分を作る、すなわち自己複製という性質が基本であることが解りました。しかし意外なことに、細胞の生きている仕組みには心臓や腎臓などの器官が必要としているものと共通点があったのです。それはほかの組織や細胞との情報交換、会話でした。

　第二章では、このような生命体がどのように地球上に出現したのかを探ってみました。前章で学んだ、生き物の物質としての基盤はＤＮＡであるとの考えで探ってみると、出発点はＤＮＡではなくＲＮＡにありました。しかしそれが始まりではありませんでした。ＲＮＡの前にＰＮＡがあったらしいのです。そして自己複製能のあるＲＮＡが出現しても、ＲＮＡだけでは永続的に拡大する生命系を造ることはできません。遠い過去の原始の海で、ＲＮＡ分子の自己複製能と、その反応を生命系に仕立て上げたタンパク質（酵素系）との間に、分子間の情報伝達（コミュニケーション）があったのではないか、これが生命の会話の原点であろうと思い至るのです。

第三章では、私たち高等生物の出現のきっかけとなった核をもつ細胞の出現について考えました。身軽ですばやい細菌の世界に、ガリバーのような巨大な真核細胞がどのように割り込むことができたのでしょうか。幾重にも重なった異変の後に獲得した遺伝子量の増大は、ミトコンドリアや葉緑体との共生で活性化した生命体の質を変えるほどの不思議な現象をもたらしました。

第四章で見るように、動物の体は運動器官、神経・感覚器官、呼吸器、循環器、消化器など複雑な構造をしていますが、整理すると多くの動物で共通しています。たった一個の小さな受精卵から、遺伝子の指令にもとづいて長時間かけて成体が形成されていきます。それが多細胞生物の自己複製です。その精巧かつ柔軟なプログラムがどのようなものか、その謎が解き明かされる時は来るのでしょうか。

第五章では、個体を超えた生命体、それを超個体と呼びます。その一つ、ミツバチの生き方について学ぶと、次元の異なる生命体の姿が見えてきます。

今日、生命について科学的に語ることは比較的よくおこなわれていますが、本質を理解することはむしろ脇に置かれているきらいがあります。そのことにいささかでも切り込むことができれば幸いです。

第一章

細胞は
生命体のユニット

1　細胞とは

細胞は小さく、通常の感覚では生きていることを把握するのは難しいです。しかし、器官も個体も細胞から構成されているので、細胞が生きている様子を理解しておくことは大切です。本章では主に、多細胞生物の細胞について述べることにしたいと思います。細菌などの単細胞生物については第三章で少し述べます。多細胞生物の細胞は、近寄って見るといろいろな顔をしていて、平均的な細胞というのは見当たりません。その事情を考慮したうえで、なお多くの細胞に共通する性質を探ってみることにします。

細胞は、細胞膜という膜で包まれていて周囲から隔てられています。細胞は一〇〇分の一ミリ程度の大きさで、詰め込むと一立方ミリメートルの中に一〇〇万個入る計算となります。もちろん肉眼では見えません。

世界で初めて〝細胞〟について記載したのは、英国のフック（R. Hooke）で、一六六五年のことでした。彼は自分で組み立てた顕微鏡でさまざまなものを観察しました。その中で乾燥したコルク片の表面が細かい網の目のように見えることを見つけて、この小さな仕切り（細胞壁）を小室（cell）と名づけました。これが細胞（cell）の語源となりました。

その後、オランダのレーベンフック（A. v. Leeuwenhoek）が、顕微鏡で赤血球、動物の精子、細菌などを見つけて記載しました。それから二〇〇年、多くの人が細胞について記載してきました。そしてドイツのシュワン（T. Schwann）とシュライデン（M. Schleiden）等が、動植物はみな細胞からできていること、そして「細胞は突然生じるものではなく細胞の分裂によってできるもの」すなわち「細胞説」の考えを確立し（一八三八―三九年）、今日の基礎となりました。

このように、細胞に対する認識の進展は、初期には光学顕微鏡の進歩に裏打ちされて広がりました。また、細胞およびそれを構成する成分の化学的性質や働きについての理解も、十九世紀から二十世紀にかけて進みました。

また、パスツール（L. Pasteur）に代表されるように、発酵の研究から酵素の発見という成果が得られました。彼は「生物の中の特殊な力は、呼吸、発酵など酵素系の複合過程であり、生命の化学的特徴はすべて酵素（タンパク質分子）の物理化学的性質に依存している」という認識を示したのです。

その後、二十世紀の中頃までにこの成果を発展させた多くの研究がなされました。他方、遺伝現象が次第に重要視され、実験解析から遺伝子、DNAの発見につながり、さらに分子生物学の開花に至りました。

その頃（一九六〇年代）、電子顕微鏡が導入され、細胞の形態学的世界を画期的に変えました。細胞内の核と小さな顆粒だけが判別できた光学顕微鏡の世界とは、雲泥の違いでした。図1-1は、培養されたマウスの繊維芽細胞の電子顕微鏡像を模式的に示したもので、培養細胞は生体内とは違い容器内で扁平に広がるので細胞内の様子がよりよくわかります。

電子顕微鏡が導入されたのとほぼ同じ頃に、細胞分画法(*)

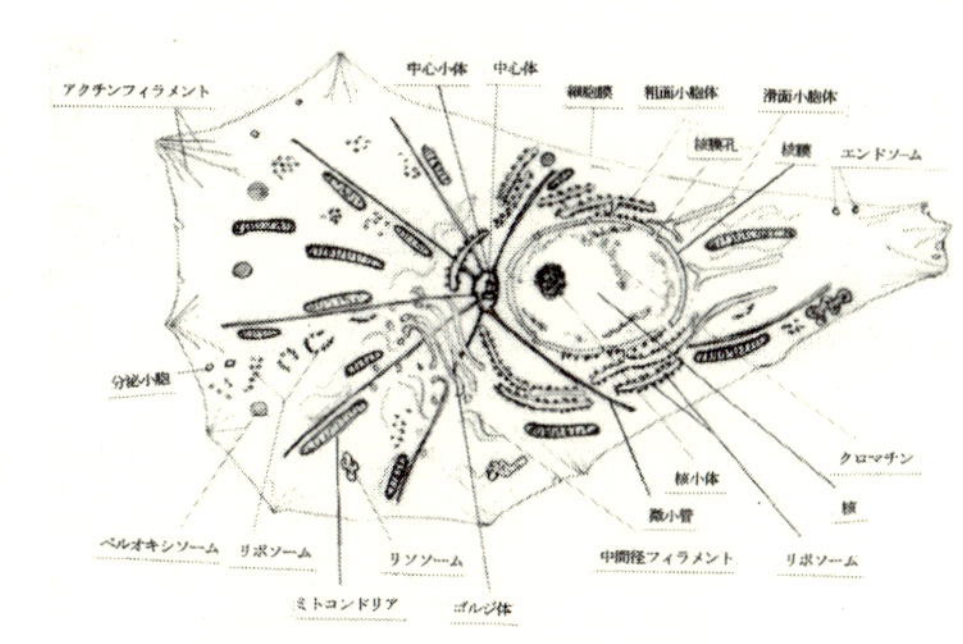

図1-1　繊維芽細胞が培養容器に接着して広がった電顕像の模式図

＊　細胞分画法：私の所属した研究室の隣、植物生理学研究室の太田行人教授は、細胞分画とその解析法をいちはやくマスターして、ある時このように述べた。「細胞を分画すると細胞の完全な姿は失われるが、それぞれの画分に含まれるミトコンドリアや小胞体などに特徴的な活性を検出できる」「私は生命を分画しているのだから、生命を全か無かではなく、定量的に評価していることになるだろう」と。そのとき聞いた「生命を分画する」という表現が新鮮で印象に残り、私が生命体を考えるうえで常に「生命体の部分的な生死」を頭に置くヒントになっていると思う。

という新しい技術が導入されました。細胞を壊して含まれる核やミトコンドリアなどの構造物を大きさで分け（分画し）、その成分や働きを解析する方法です。試験管より肉厚で丈夫なガラス管と、それに適度の緩さで嵌まるテフロン製のペッスルを用意します。このセットをホモジナイザーといいます。

例えばマウスの肝臓細胞を分画しようとすると、マウスから取り出した肝臓を低温ですばやく細切し、等張の塩類溶液と共にホモジナイザーに移してペッスルを回転させながら上下させると、細胞が破砕され、中から核、ミトコンドリア、小胞体などの顆粒が出てきます。これを遠心管に移して遠心分離をおこないます。最初は低速遠心で組織の破片などを沈殿させて除き、次に少し回転数を上げて核を遠沈、次にさらに回転数を上げてミトコンドリアを、最後に小胞体やリボソームなどを回収します。細胞分画法により得られたそれぞれの画分に対する生化学的解析と、電子顕微鏡で得られた画分の微細構造を照合することで、細胞内の構造物（**オルガネラ**）の機能が次節のように明らかとなっていきました。

2　細胞の中で起こっている主なこと

電子顕微鏡などによって明らかにされた細胞内のオルガネラの働きをざっと覗いてみることにします（図1‐1）。細胞膜は脂質二重層の膜で水分子を通しませんが、随所にタンパク

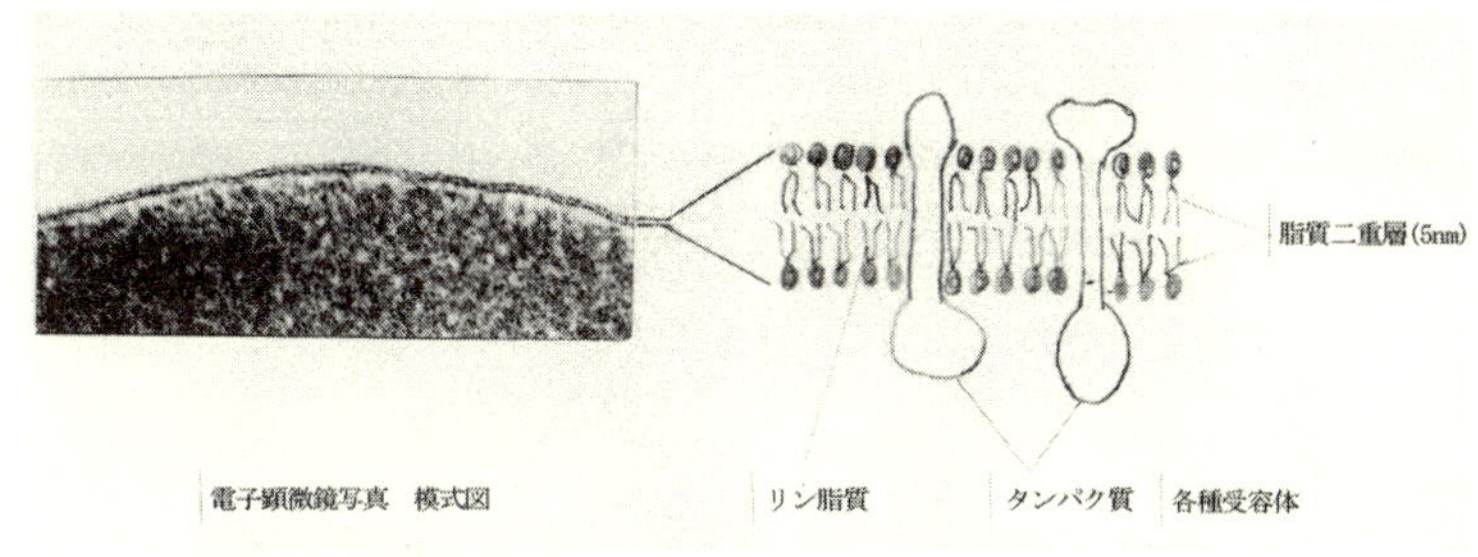

図1-2　細胞膜の断面図と脂質分子の拡大模式図

分子が埋まっており、これらが細胞外のシグナル分子に応答し（受容体）、あるいは特定の化合物の細胞内外への通路（運搬体）として働いています（図1-2）。

細胞膜で囲まれた中には細胞質という液体成分が満ちています。細胞の中心部には**核**（直径約三マイクロメートル）があります（核の働きについては次節で述べます）。その周りに不定形の膜状構造の**小胞体**と**ミトコンドリア**（後述）などがあります。これらはオルガネラの主成分です。小胞体には粒状の**リボソーム**が付着しています（粗面小胞体）。リボソームはタンパク質の合成工場（後述）で、そこで合成されたホルモン、コラーゲンなどのタンパク質は近くの**ゴルジ体**に輸送され、そこで化学修飾を受け、**分泌顆粒**に移されて細胞外に分泌されます。小胞体に結合していないフリーのリボソームもあり、そこで合成された酵素などのタンパク質は、細胞内で、あるいは核やミトコンドリアに運ばれて、それぞれの働きをすることになります（図1-3）。

小さめの膜構造の**ペルオキシソーム**、**リソソーム**は、主とし

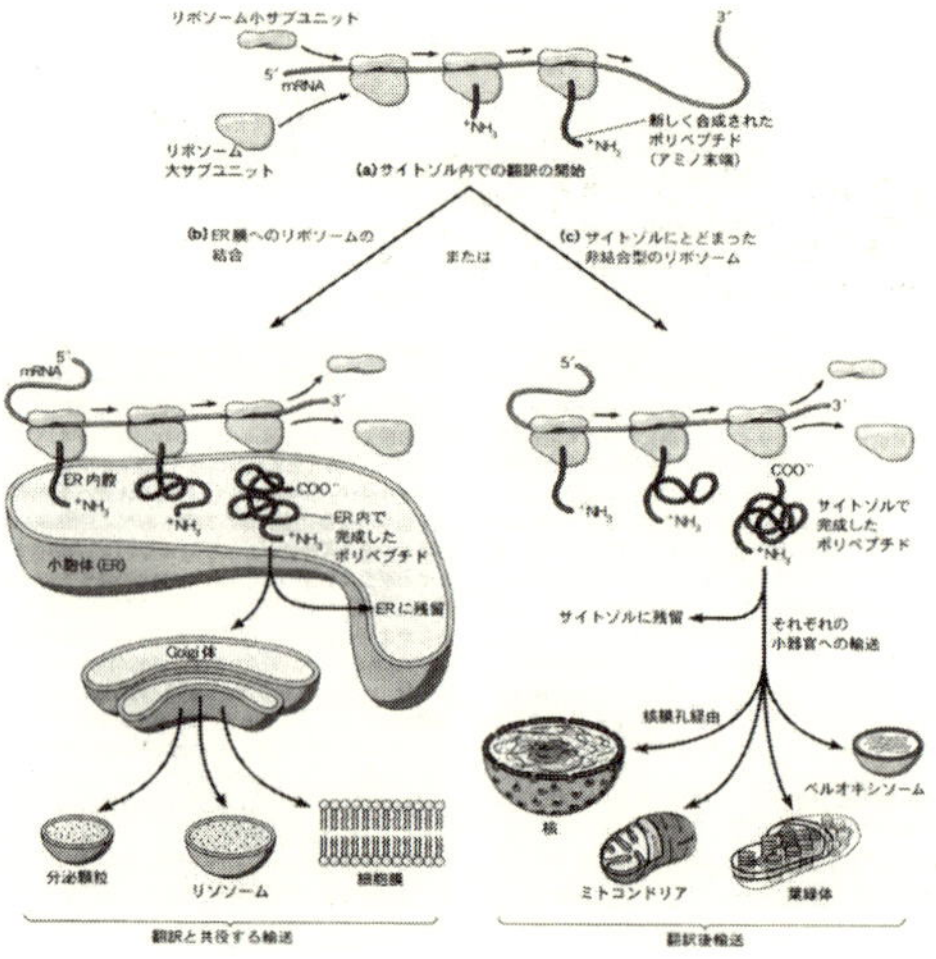

図1-3　タンパク質合成とその分配

て細胞成分の分解にかかわっています。このように、膜性のオルガネラは主に細胞成分の合成・分解・輸送にかかわる分子をたくさん含んでいます。

核近辺から放射状に伸びた繊維状構造の**微小管**は、主要な**細胞骨格**[1]であり、細胞内の変化に伴いその構成分子のチューブリンが重合と分解を繰り返して、細胞の移動や形態変化、細胞内のエネルギー工場であるミトコンドリア（後述）の移動にもかかわります。微小管の基部にある**中心体**[2]は、核分裂の時に微小管と共に**紡錘体**（第三章参照）という細胞分裂の装置を形成し、染色体の移動など核分裂に先導的な働きをします。

これらのオルガネラの働きが、細胞の生きていることとどう繋がっているかという点が重要です。そこでエネルギー代謝、細胞が利用するエネルギーをどのように獲得し、使用しているかについて述べておきたいと思います。

植物の場合は、葉緑体が太陽のエネルギーを吸収し、CO_2から糖質を合成してこれをエネルギー源としています。一方動物は、糖質、脂質、アミノ酸などを吸収してその中に含まれるエネルギーを利用しています。両者とも細胞内で使用するエネルギーの大部分はミトコンドリアで、ＡＴＰという、細胞内のエネルギー通貨ともいえる化合物に転換して利用しています。

その中心的オルガネラ、ミトコンドリアについて具体的に述べておきましょう。ミトコンドリアは大腸菌よりやや大きく、中に櫛状構造があります（図1-4a）。以下に述べる前半部分は櫛状構造の内側（マトリクス）で、後半部分は櫛（クリステ）の膜内の反応でおこなわれます（図1-4b）。

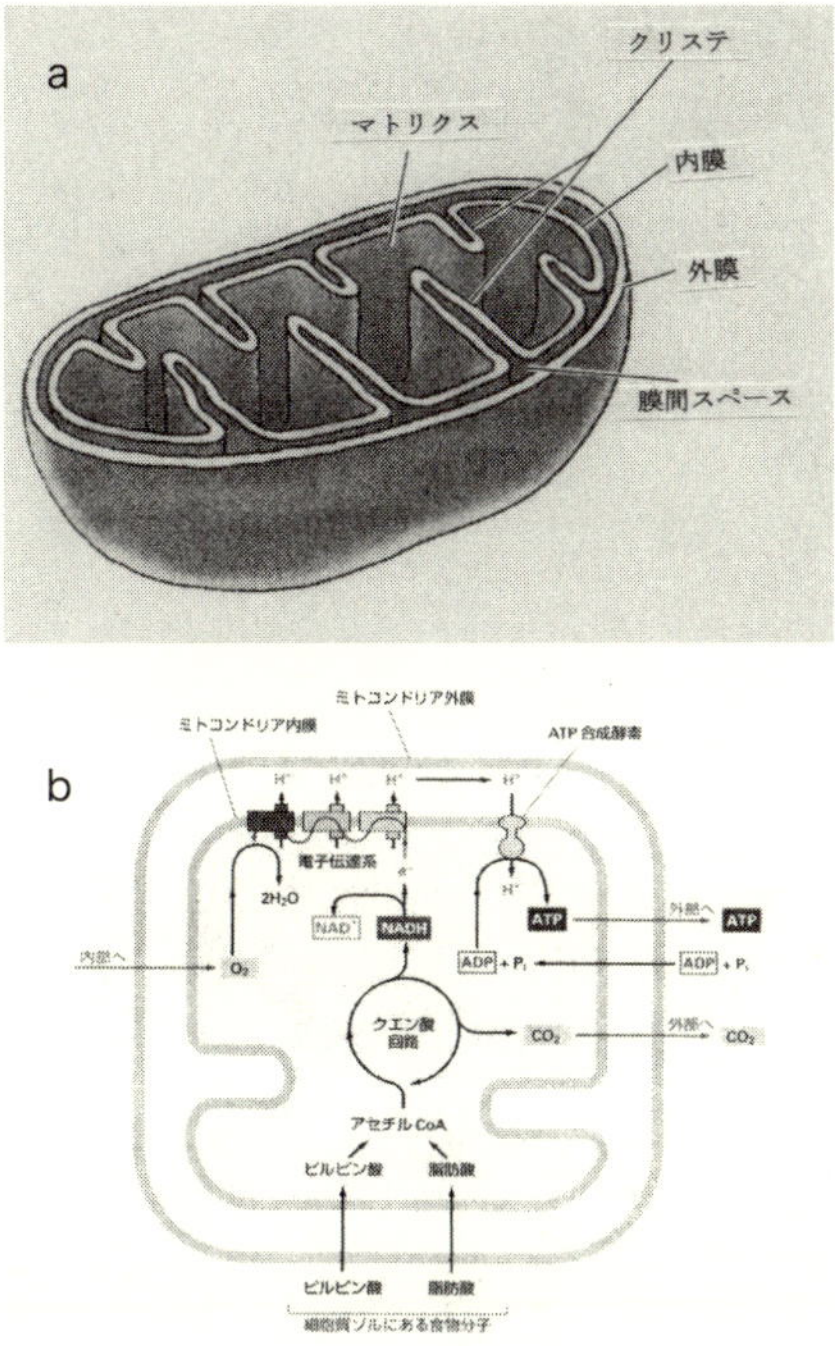

図1-4　ミトコンドリアの模式図とＡＴＰ生産

エネルギー獲得反応について、ブドウ糖を例に述べたいと思います。ブドウ糖は細胞内で二分子のピルビン酸に分割されてミトコンドリアに運ばれます。その後の反応の大略は次の如くです。各ピルビン酸分子はCO_2を出してアセチルCoAに変化し、工場の主要ライン（クエン酸回路）に乗ります（CoAはラインに乗せるための補助となります）。ラインを一巡する間にアセチル基はCO_2とH_2Oに酸化されます。その際、四分子の**還元性の化合物NADH**などが生産されます（図1-4b）。

後半の反応で活躍するNADHは、エネルギー獲得のための**手形**のようなものです。手形を工場（ミトコンドリア）の櫛状の膜内にある金融機関、**電子伝達系**に渡します。電子伝達系は膜内にあるプロトンポンプを回してプロトン（H^+）を積み上げ、搬出口にあたる**ＡＴＰ合成酵素**の働きで細胞内のエネルギー通貨、ＡＴＰとして渡します。ミトコンドリアは細胞が化学エネルギーを使用しやすくする効率の良い工場であり、その反応の流れを**化学浸透共役**といいます。ＡＴＰは分子内に高エネルギー結合を含み、細胞内の高エネルギーを必要とする（ＤＮＡ合成やタンパク合成などの）酵素反応はみな、ＡＴＰ分解反応とカップルして起こります。

私たち生き物すべての活力の根源となっているこの反応の重要な部分を明らかにしたのは、英国のミッチェル（P. D. Mitchell）でした。一九五五年頃から一九六五年頃まで、世界の生化学界の中心課題の一つはＡＴＰ合成の最終段階、すなわち前駆体ＡＤＰに高エネルギーリン酸結合（～Ｐ）がどのようにして加わってＡＴＰができるかにありました。この問題の解決のために米国やヨーロッパの優れた大学や研究所の約十のグループが凌ぎを削っていました。大勢は高エネルギー中間体（Ｘ～Ｐ）があるに違いないとの仮説の下にＸ～Ｐを探し求めていました。毎週のようにどこかのグループがビッグジャーナルにX～Pに関する論文を載せていました。しかし人々を納得させる結果は得られませんでした。

当時ミッチェルはケンブリッジ大学を辞め、田舎に小さな研究室を作り、コツコツと実験をしていました。彼は細胞膜の透過性に興味をもち、またATP合成も膜の機能と密接にかかわっていることを学んでいました。さらに、神経の興奮伝達の仕組みを明らかにした同じ大学の先輩、ホジキン（A. L. Hodgkin）とハックスリー（A. F. Huxley）が発見した、神経の興奮伝達に細胞膜のイオン依存性ATPアーゼ（ATPを分解酵素）が働いていることに深い関心をもっていました。

ミッチェルは「ATPの合成は、膜を挟んだ電気化学的勾配の駆動力により、ATP分解の逆反応でATPが合成されるのではないか」との仮説を立てて見事に実証しました。すなわち彼は、当時学界で大勢を占めていた「高エネルギー中間体説」に抗して「ATP合成酵素説」を提唱し、実証し、単独で一九七八年にノーベル賞を受賞したのです。ミッチェルの化学浸透共役説が世界的に認められるまで、発見から十年以上を要しました。(*)

3　遺伝子、DNAの構造

このように細胞質中のミトコンドリア、ゴルジ体などのオルガネラでは数え切れないほどだた

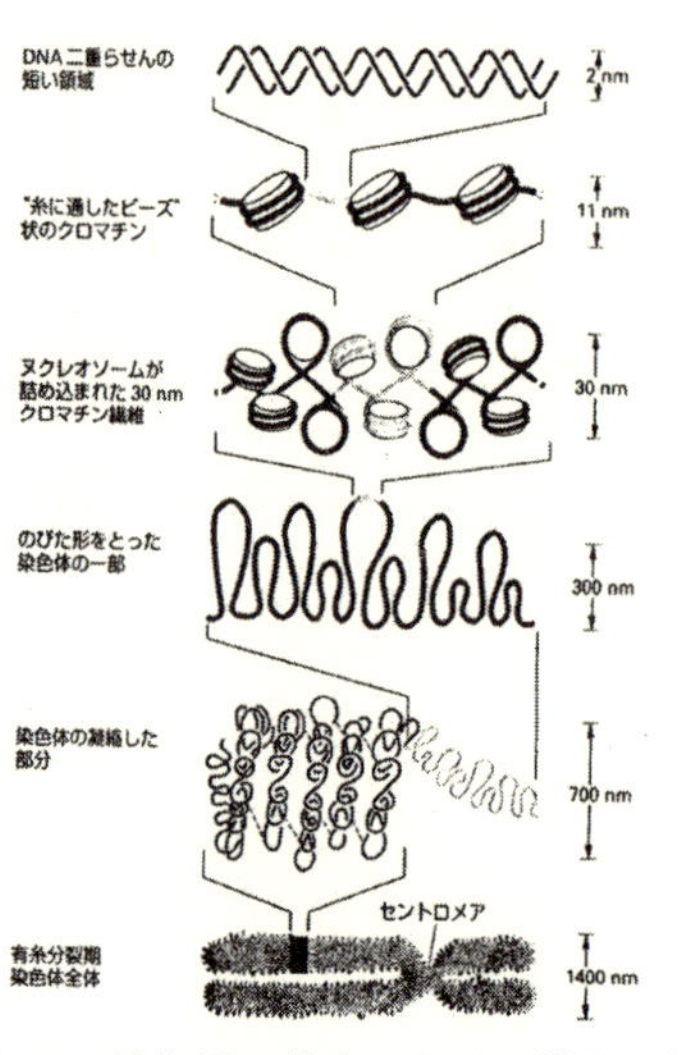

図1-5　遺伝子の核内における様々の凝集状態

くさんの反応が進行し、その反応が繰り返されて全体として細胞の動的秩序が保たれているように見えます。これが生きていることの真実なのでしょうか。

また、おそろしく数の多い反応が一見無秩序に見えながら混線しないのは、生命体特有の反応系間に微調整の仕組みがあるためと考えられます。それはこれから述べる核の遺伝子の指令にもとづいてリボソーム上で合成される酵素タンパク質や、それを補佐する補助因子の働きによっていると考えられます。

それでは遺伝子の指令とはどのようなものなのでしょうか。たくさんある遺伝子のうち、どれが働いているのでしょうか。どの遺伝子がいつ目を覚ますかは重要な問題ですが、それは後述するとしてまず基本的な事柄を述べておきましょう。

核にはＤＮＡ[3]（遺伝子）やＲＮＡを合成する酵素とその材料、ＡＴＰやその仲間（**ヌクレオチド三リン酸**）もたくさん含まれています。またＤＮＡと複合体をつくる塩基性タンパク質（**ヒストン**）なども含まれています。

図1-5は、DNAとヒストンの複合体（クロマチン）のいろいろな状態を模式的に示しています。最上段はDNA単独を示しており、核の中のDNAは二段目のようにヒストン分子に巻きついていて、通常は三―四段目のように部分的に凝縮した状態にあります。図1-6は、(a)DNAの二重螺旋の構造図と、(b)その拡大図です。以下、DNAの合成（**複製**）、RNAの合成（**転写**）、タンパク質の合成（遺伝子の**翻訳**という）などについて述べていきます（過剰と思われるほど詳細に述べていきますが、そのほうが理解しやすいです。DNAの構造などに親近感のもてない方は、積み木かレゴを組み立てるつもりで目を通していただければと思います。DNAの複製の部分や遺伝暗号解読の部分を見ると、まるで誰かが考えた模型やパズルのようで、とても自然の産物とは思えないかもしれません。しかしこれは自然の産物なのです）。

遺伝子の本体は、二本の鎖状の長い分子、**デオキシリボ核酸**（DNA）で、その構造は

＊　一九六五年頃、私は大学院生として硫黄を硫酸まで酸化し、その際発生する水素イオンにより強酸性となる液中で増殖する硫黄細菌の膜透過性ついて研究をしていた。「硫黄細菌は水素イオンを細胞外へ掃き出す仕組みをもっているのではないか」と考えて、ATP分解酵素の実験をしていた。ある日、新着雑誌の中にミッチェルの化学浸透共役説にもとづく実験結果報告の論文を見つけた。ミッチェルの論文が正しいと確信したわけではなかったが、非常に新鮮な印象を受けた。そこで早速研究室のセミナーで紹介した。当時名古屋大学の生物系で最も知的と言われたエネルギー代謝の専門家、森健志教授の研究室でも全員が直ちにミッチェルの論文を信じたわけではなかった。後で解ったことによると、世界中の多くの研究室で同様なことが起こっていたようだ。なお、私の硫黄細菌の研究では幸い硫酸ができる中間産物、亜硫酸イオンで活性化されるATP分解酵素を発見し、それを博士論文として認めてもらうことができた（参考文献R1-6）。

一九五三年にワトソン（J. D. Watson）とクリック（F. H. C. Crick）によって提出された分子模型（図1‐6）そのままです（塩基対の配列順序は異なります）。彼等によってDNAの結晶のX線回折像が見事に読み解かれる直前まで、遺伝子は「タンパク質である」とか、「塩基を外側にした三本鎖である」とか、諸説飛び交っていました。彼らによるDNA結晶の解読後、構造や本性が次第に明らかになるにつれて、その姿のあまりの見事さに人々はこれが自分たちの本質にかかわることであることを忘れてしまうほどでした。ワトソンとクリックはX線回折の大家ウィルキンス（M. H. F. Wilkins）と共に一九六二年にノーベル賞を受賞しました。ところで、遺伝子のもつ情報とはどんなものか、それが細胞内で解読されるとはどういうことなのでしょうか。

DNAの螺旋状の梯子構造の手摺（てすり）の部分はリン酸と糖（デオキシリボース）が交互に結合し、階段に相当する部分は両側の手摺の部分から内側に突き出した四種の塩基（アデニン、シトシン、グアニン、チミン、各々A、C、G、Tと略す）が向い側の塩基と水素結合をしています（図1‐6b）。塩基の対は理論的には十通りの組み合わせが考えられますが、実際のDNA分子には、A‐T（T‐A）とG‐C（C‐G）の組み合わせしか存在しません（図1‐6a）。この組み合わせを相補的塩基対といいます。

相補の意味は、複製の時など塩基Aがフリーになれば相手には必ず塩基Tが、GにはCが来て補うという意味です。その理由は、図1‐6bに示されたように、この塩基間の水素結合（図

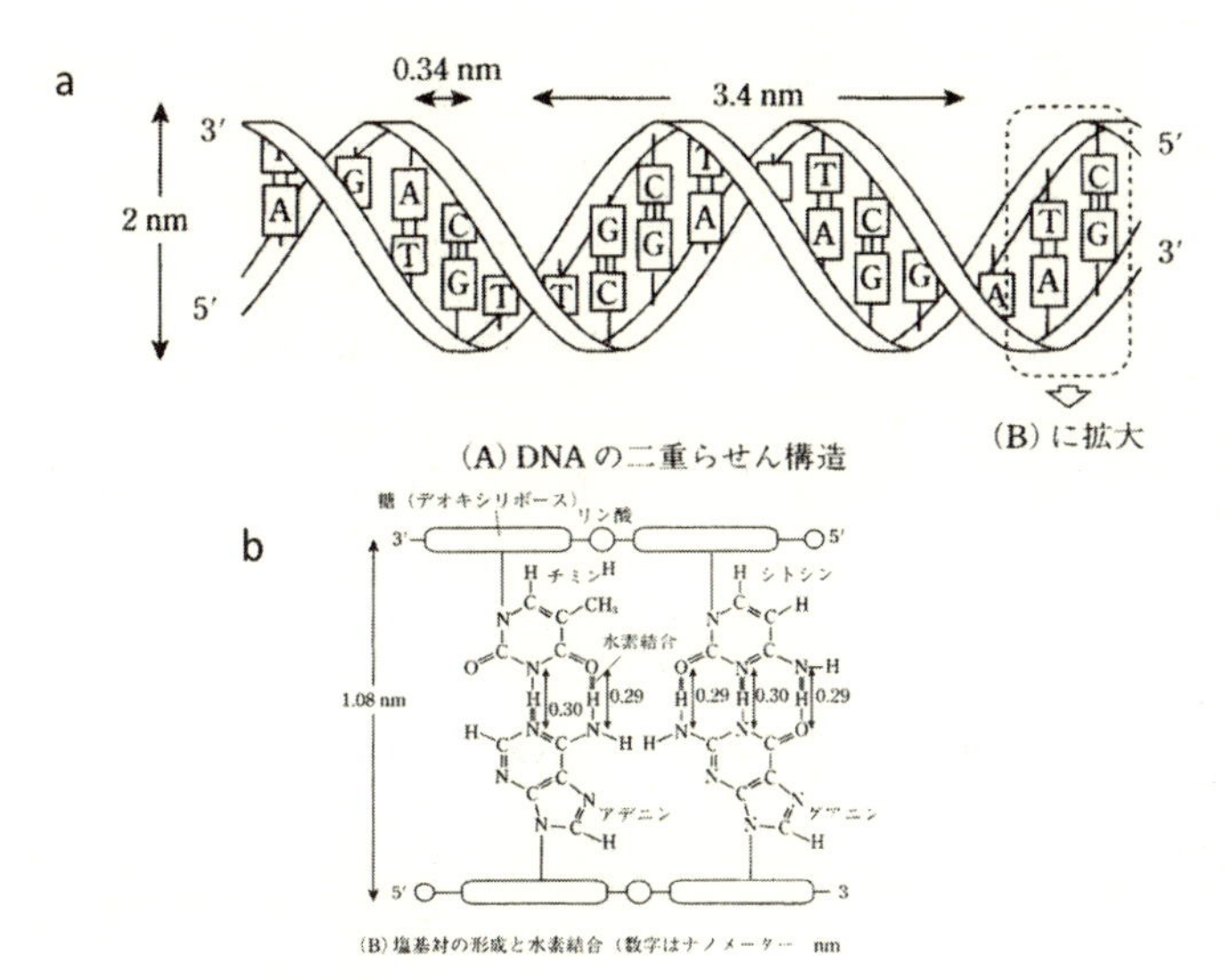

図1-6　ＤＮＡの模式図

中数字のある位置）の距離はほぼ等しく、結果として二本の螺旋の間隔が等しく安定に保たれることによります。

自然界には、塩基に属する化合物が他にも存在していますが、ＤＮＡ構築の際に四種のみが取り込まれました。その理由の一つは、塩基対の間隔が等しく維持できることにあります。手摺の糖、デオキシリボースは五個の炭素（Ｃ）を含む分子（五炭糖という）で、その1'番の炭素原子に塩基が、5'番の炭素原子にリン酸が結合しており、また3'番の炭素に次の手摺のリン酸が結合しています（図1・7aの五角形はデオキシリボースで、頂点は酸素O、塩基の結合しているCが1'、右回りに2'、3'、4'で、CH_2が5'です）。

塩基対の前後の配列順序に関しては、

化学的構造上の制約はないので四種の塩基対（A‐T、T‐A、G‐C、C‐G）が順不動に並ぶことが許されています。現実にはこの塩基対の配列順序の中に**遺伝情報**が含まれています。したがって、同じ個体ではどの細胞のDNAの塩基配列も最初から順序良く並べると、みんな同じに維持されているのです。維持される原理はその**複製**の仕組みにあります（図1‐7）。

DNAの複製が起こる時にはDNA合成酵素（**DNAポリメラーゼ**、図1‐7aでは省略）を含む大きな複合体が鎖を包み、二本の鎖の一部分の塩基対を開いて分離します。各々の鎖の塩基対が開いて露出すると、それを鋳型として各塩基の対になる塩基（AにはT、CにはG）を含んだ**デオキシヌクレオチド三リン酸**（dNTP）が運ばれて来ます。dNTP（図ではdCTP）からピロリン酸が除かれ、残りのリン酸が前の糖（の3’C）に結合して新しい手摺が伸長します。その時露出した塩基（図ではG）とdCTPの塩基がちょうどよい水素結合の距離で結合します（これが相補的対となります）。

この際、塩基‐糖‐リン酸のユニット構造を**ヌクレオチド**と呼ぶので、DNA全体はヌクレオチドが縦に多数つながった**ポリヌクレオチドの鎖**が塩基を内側にして二本向き合い、かつ塩基同士が水素結合で結ばれている化合物ということができます。合成されたDNA鎖は、もとの分子と同じ塩基対の配列をもつようになります。しかも鋳型部分の古い鎖が半分保存されているので、このDNA複製を**半保存的複製**といいます。また、反対側の鎖も複製される(*)ので、親DNA分子と全く同じ塩基対配列をもつ二本鎖子供DNA分子が二組完成します。図1‐7b

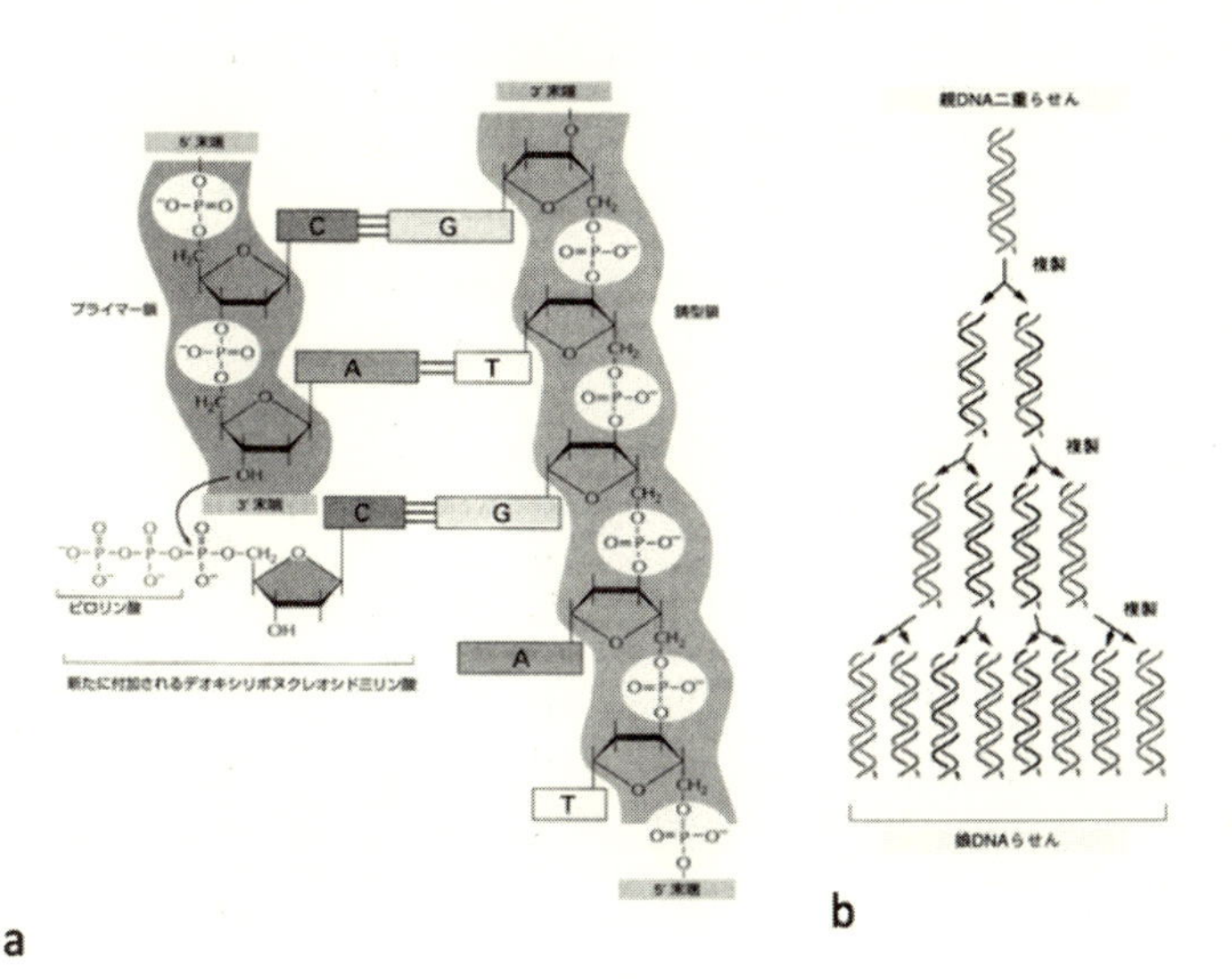

図1-7　ＤＮＡ複製の模式図

は、反保存的複製の四世代分の様子をＤＮＡ鎖だけを取り出して示したものです。これが後に述べるように生命体の**自己複製**の分子レベルでの基盤となっています。

　この自己複製の原理は、発見者クリックも語っていることですが、このモデルの最も重要な特徴です。すなわち「自分で自分を作ること」は生命体の基本的性質であることを想起すると、ＤＮＡの発見者が最も重要な特徴であると言うのは尤もなことであると言えるでしょう（この無味乾燥で複雑な化合物が私たちの生きていることの基本を決めているということを感覚的に受け入れられない方も多いかもしれません。私たちはどこかで発想の転換をしなければなりません。そのためには体の全ての細胞の中でDNAが複製されているということを想起してみてはどうでしょうか)。

4 遺伝子はこのようにして働きを現す

DNA鎖の塩基配列に書き込まれた遺伝情報とは何を意味するのでしょうか。それは次の二段階の反応を経て細胞内に姿を現します。

第一段階は、DNAの塩基配列をRNAにコピー(**転写**[4]という)することです(図1-8a)。転写(RNA合成)はDNA複製(図1-7)と似ていますが、二本鎖のDNAのうち、情報をもつ鎖一本だけ、しかも必要な部分だけを転写するのです。また、RNAを合成するので材料となる糖分子はデオキシリボースの代わりにリボースが、塩基アデニンの対にはチミンの代わりにウラシル(U)が用いられます。

さて、図1-5のDNAを思い浮かべると、どこをコピーすべきなのか全く見当がつきません。ヒトのDNAには約二メートルの中に3×10^{10}の階段、塩基対があります。そのうち遺伝子は二万二〇〇〇個で、全体のDNAの二%程度です。その中からコピーしようとする遺伝子を探し出し、かつ的確な位置からコピーを始めなければなりません。大変な難問題ですが、細胞の中にも巧みな道具立てがあります。簡潔に説明すると、当の細胞の生理的状態によって核の様子が変動し、その状況に応じた**転写調節因子**（タンパク分子）が用意されて必要とされる遺伝子の転写が起きやすい状態になります。遺伝子の周辺には複数のシグナル（塩基配列）が散りばめられていて、そこに様々な転写調節因子が吸着して**RNAポリメラーゼⅡ**を呼び寄せたり、妨げたりします。図1‐8bが遺伝子の転写調節の様子です。RNAポリメラーゼⅡは部下（転写基本因子）のガイドにより、転写される遺伝子（図中のX）の直前にある**プロモーター**という開始点にセットされ、転写が開始されます。

第二段階は、遺伝子の翻訳とも呼ばれ、転写でできたmRNAの塩基配列をアミノ酸の配列に置き換え（翻訳し）て、タンパク分子を合成する段階で**遺伝暗号の解読**とも言われます。図1‐8aには転写される遺伝子の模式図が示されています。真核生物の遺伝子の一次転写産物の多くは図中の白黒まだらです。白の部分がイントロン、黒の部分はエキソンと呼ばれ、mRNAへの編集反応（**スプライシング**）でイントロンが除かれエキソン部分が繋ぎ合わされてmR

＊ DNA鎖の複製：DNAの二本鎖は、図1‐6に示すように上下の鎖は方向が反対である。またDNA合成酵素は5'方向からだけ合成することができる。そのため、全てのDNA分子は親の3'側の鎖を鋳型として複製がなされる。長いDNA鎖は複製の際に全体が分離してから複製するのではなく、一部ずつほどけては複製することを繰り返す。それでは親の5'側の鎖を鋳型とする複製はいつなされるのか、謎が残った。この問題を解いたのは当時名古屋大学の岡崎令治先生で、一〇〇〇塩基（真核細胞では二〇〇塩基）ほど複製が進んだらもう一つの酵素が反対側の鎖を鋳型に逆行して複製することを見つけた。したがって複製の盛んな核では前の鎖と繋がっていない短い鎖が見つかる。これがオカザキ・フラグメントである。

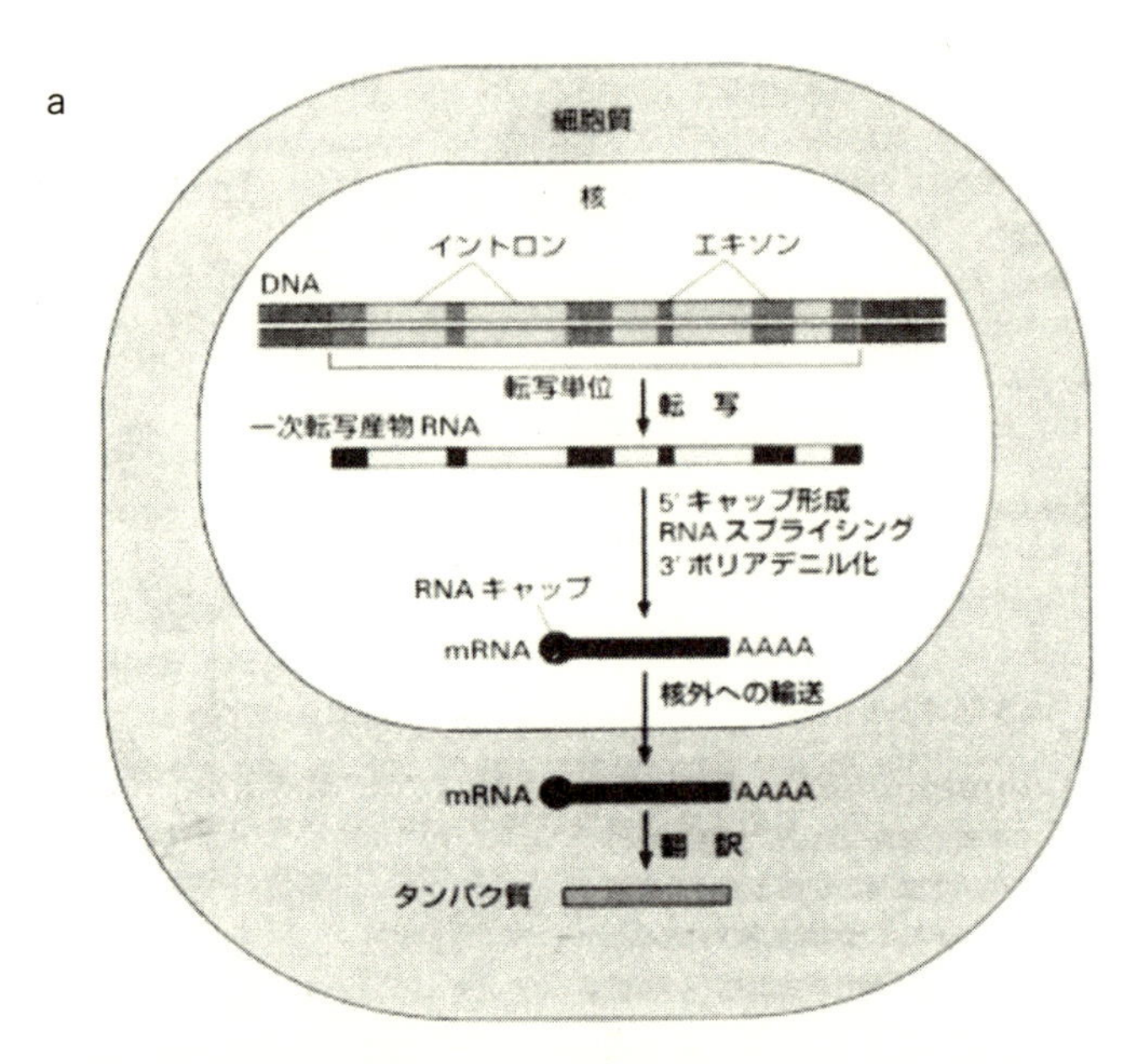

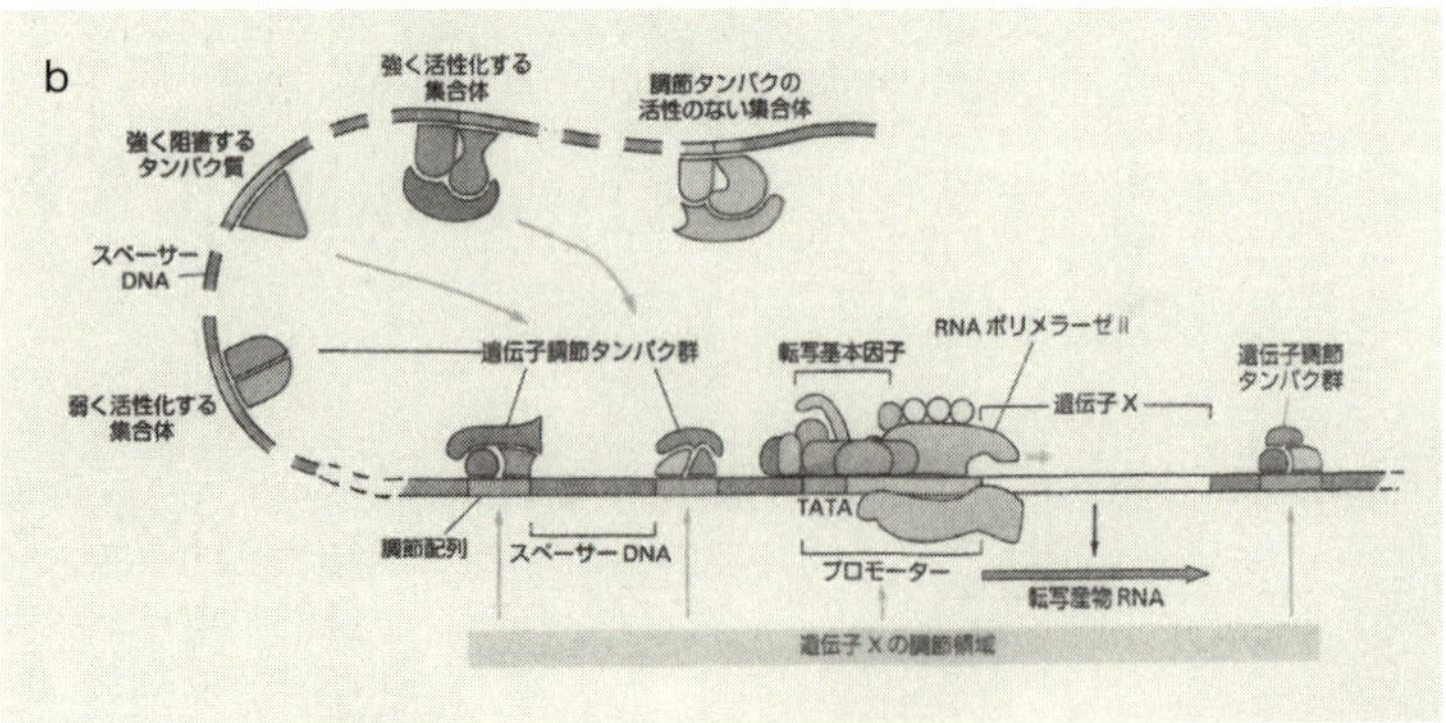

図1-8　セントラルドグマの模式図

NAが完成します。翻訳はｍＲＮＡが核の外にあるリボソームという大きな顆粒に結合することから始まります。

この反応の要点は、ＤＮＡの発見から十年ほど後にニーレンバーグ（M. W. Nierenberg）等によって明らかにされました。ニーレンバーグは、ＲＮＡの塩基配列のうちＵＵＵ（三連続ウラシル）がフェニールアラニン（アミノ酸、Phe）を指定することを明らかにしました。これが刺激となってその後ＲＮＡ分子中の任意の三文字と対応するアミノ酸の種類が次々に決定されました。アミノ酸に対応する三個の塩基配列をコドンといいますが、二十種のアミノ酸に対応する一覧表（遺伝コード）は一九六五年頃に完成しました（図１‐９）。これは多くの生物種で共通していることです。ニーレンバーグはＲＮＡ研究の先覚者、コラーナ（H. G. Khorana）やホーリー（R. W. Holley）と共にこの功績により一九六八年にノーベル賞を受賞しました。[*]

翻訳反応は図１‐10の如くです。特殊な立体構造をした小型の**転移ＲＮＡ**[5]（ｔＲＮＡ）分子が、自分の構造にマッチする特定のアミノ酸分子を（酵素の助けにより）結合することができ

＊　コドンについて：ニーレンバーグらがコドン（遺伝子の暗号）を決定した頃のこと。四種の塩基の配列が二十種のアミノ酸の種類を決めているらしいと第一線の研究者たちは考え出した。しかし塩基一文字では四種のアミノ酸しか規定できない。塩基二文字でも十六種のアミノ酸であるが、塩基三文字だと六十四種のアミノ酸を決めることができる。「少し多めだが塩基三文字で一アミノ酸を決めているに違いない」と米国の有名な物理学者、ガモフ（G. Gamow）が予言したとの噂が私のいた大学にも流れてきた。

ます。ｔＲＮＡには**アンチコドン**と呼ばれる三個の塩基配列があります。図では3'ACC5'がトリプトファンｔＲＮＡのアンチコドン。そのACCが上記の転写でできたｍＲＮＡの三個の塩基配列（コドン、図では5'UGG3'）とリボソーム上で相補的対を形成して結合します。このようにしてアミノ酸を結合したｔＲＮＡのアンチコドンは、リボソーム上のｍＲＮＡの塩基配列（コドン）に次々に引き寄せられていきます（図１‐10b上から三番目）。するとリボソームの触媒作用によってアミノ酸がｔＲＮＡから離れて直前のアミノ酸（図ではフェニルアラニン、Phe）とペプチド結合を形成します。結果としてリボソーム上で塩基配列がアミノ酸配列に置き換えられるのです。同様の反応が繰り返されて次々にアミノ酸が繋がってタンパク分子ができます。これが翻訳です。

転写から翻訳の塩基配列とアミノ酸配列を模式的に示しましょう（転写でできたｍＲＮＡと図１‐９表のアミノ酸とを照合すると以下のようになります）。

ＤＮＡの塩基配列	3' CGT - GAC - AAG - ACC 5'
転写されたｍＲＮＡ（コドン）	5' GCA - CUG - UUC - UGG 3'
ｔＲＮＡのアンチコドン	3' CGU - GAC - AAG - ACC 5'
アミノ酸（ローマ字表記）Ｎ末	Ala -- Leu -- Phe -- Trp

遺伝コード

1文字目（5'末端）	2文字目 U	C	A	G	3文字目（3'末端）
U	Phe	Ser	Tyr	Cys	U
	Phe	Ser	Tyr	Cys	C
	Leu	Ser	終止	終止	A
	Leu	Ser	終止	Trp	G
C	Leu	Pro	His	Arg	U
	Leu	Pro	His	Arg	C
	Leu	Pro	Gln	Arg	A
	Leu	Pro	Gln	Arg	G
A	Ile	Thr	Asn	Ser	U
	Ile	Thr	Asn	Ser	C
	Ile	Thr	Lys	Arg	A
	Met	Thr	Lys	Arg	G
G	Val	Ala	Asp	Gly	U
	Val	Ala	Asp	Gly	C
	Val	Ala	Glu	Gly	A
	Val	Ala	Glu	Gly	G

図1-9　遺伝コード（遺伝暗号表）

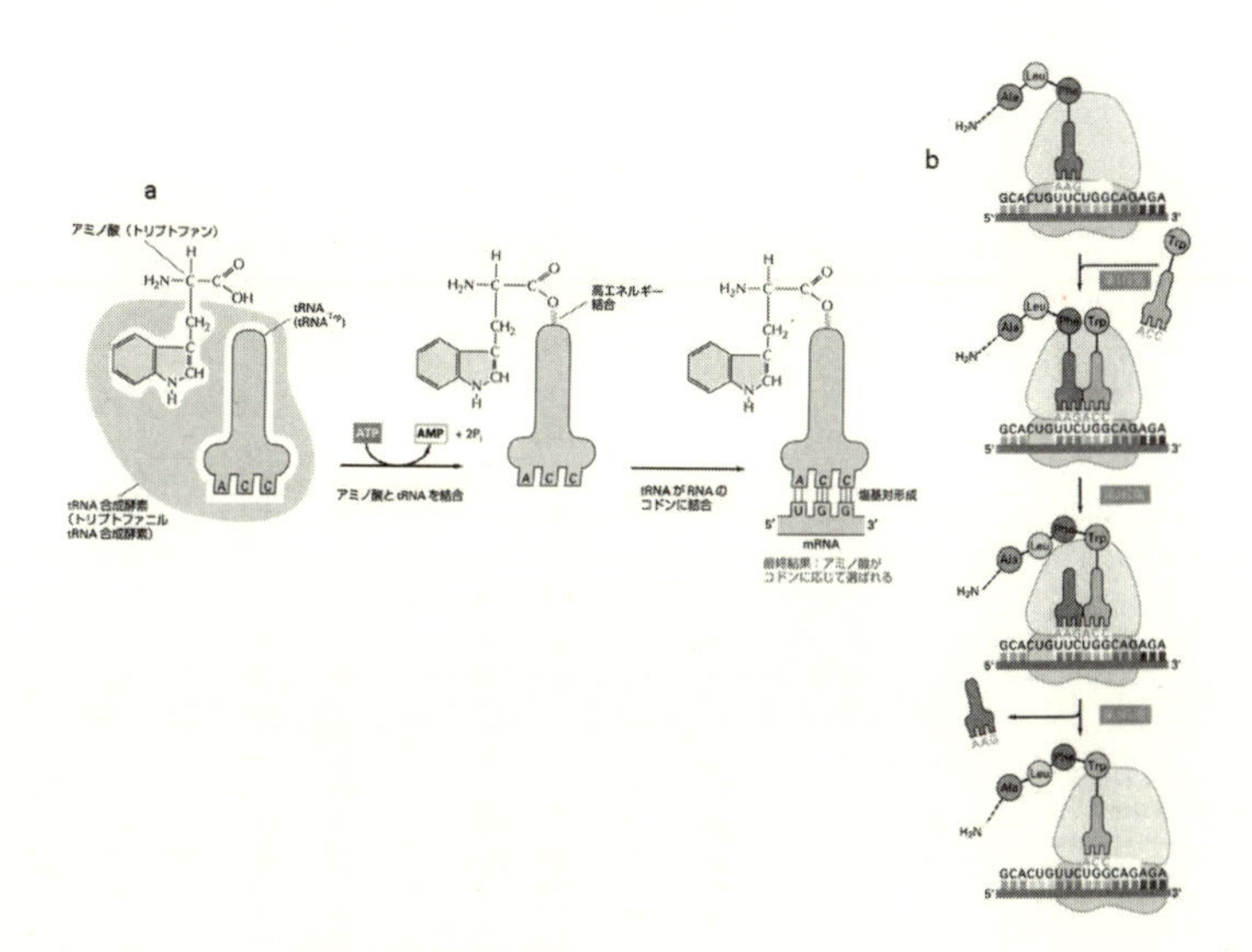

図1-10　タンパク質合成の中心反応

以上のようにRNAの三個の塩基配列が二十種のアミノ酸のどれかに対応し、翻訳されてタンパク質分子（酵素にしても、細胞の構成タンパクにしても）が完成します。今日の生命体では、この仕組みにより遺伝子の塩基配列をもとにタンパク質が合成されています。これで遺伝子の暗号は解読できたと言いたいところなのですが、これは生命発生過程で生じた無数の反応の中で生き残った反応の一部にすぎません。ここにたどり着くまでに実質どのような反応が積み重ねられたのかなどは未解決です。

例えばコドン（三文字暗号）がどのようにして成立したのか。特定のtRNAと特定のアミノ酸の関係がどのようにしてでき上がったのか。細胞内にたくさんある酵素やタンパク質分子のアミノ酸の配列がどのようにして決まってきたのか。それがどのように遺伝子として採用されたのか。そして最後に、それらがどのように生命体を創り上げることに繋がったのか（謎は尽きません）。

それはさておき、一九七〇年代にDNAの塩基配列を解析する二つの方法（マキサム・ギルバート法とサンガー法）が発表され、世界中の研究者がこぞって自分の研究対象の遺伝子の塩基配列の解析をおこない、様々な種類の生物のいろいろな遺伝子の塩基配列を明らかにしてきました[6]。その結果新しい世界が広がってきました。

同一種で類似の働きをしているタンパク質、例えばヒトヘモグロビンのα鎖とβ鎖のアミノ酸配列（したがってDNAの塩基配列の順序）には共通する部分が含まれていることが解りました。この法則は後に、生物種の枠を超えて適用できることが広く認められるようになりました。すなわち遺伝子の類縁関係、**塩基配列の系統樹**に相当するものが生物界全体に存在するとの認識が広まったのです。

以上のようにして合成されたタンパク分子は、その種類に応じて細胞内のいろいろなところへ分配され（図1‐3）、細胞の構造を担い、あるいは酵素や受容体として多種多様な生化学反応にかかわります。遺伝子、ＤＮＡの情報がＲＮＡに転写され、それが翻訳されてタンパク分子が合成されるまでの流れを、クリックが**セントラルドグマ**（図1‐8）と名づけ、その後世界中の研究者たちがその詳細を明らかにしてきました。

少し時代が下がって二〇〇四年に、ヒトの四十六本の染色体の全塩基配列を決定する、**ゲノム解読計画**が世界の主要な研究機関の参加のもとにおこなわれ、長いＤＮＡの中に約二万二〇〇〇個の遺伝子が存在していることが明らかにされました。当初遺伝子数は五万くらいだろうと予想されていたので、これはかなり少ない数でした。[7] 遺伝子部分は全塩基配列のうちの二％で、しかも実際にタンパク質分子に翻訳されている塩基、エキソンの割合はわずか約二％に過ぎないということでした。残りの九八％の大部分の働きは謎でした。それでヒトの細胞は長い歴史の間にとんでもない大きな荷物を背負って生きているのではないかとも考えられてきたのです。

ところが、その後米国のヒトゲノム研究所（ＮＨＧＲＩ）が中心に進めた「ＤＮＡエレメント百科事典」計画の成果の一部が二〇一二年以後に発表されました。そこで明らかにされた内容によると、上記の残り九八％のうち約八〇％は、個々の遺伝子がどの細胞でいつどのくらいの頻度でＲＮＡに転写（**発現**）されるべきかを決める、いわゆる転写の調節にかかわっていることが解ったのです。その仕組みには、翻訳されないｎｃＲＮＡもかかわっています（第四章参照）。まだ詳しいことが全て明らかになったわけではありませんが、とんでもないお荷物ではなかったことがわかってきました。

現実には、ＤＮＡは核の中で塩基性のタンパク分子、ヒストンと複合体（クロマチンという）を作り、さらにいろいろな程度に折り畳まれ（凝縮し）ています。そのうち最もほぐれた状態の部分（図1・5の一―二段目）でＲＮＡへの転写などが起こります。高度に凝縮した状態へはＲＮＡ合成酵素も近づくことができません。したがって、同じ遺伝子でも情報を発信できる場合とそうでない場合があります。この状態は細胞の生理的条件により変化します。転写を促すためにはクロマチンを脱凝縮状態にし、そのうえで転写調節因子を作用させる必要があります。それはどうしたら可能でしょうか。この点については本章の6節を参照にしてください。

たしかにＤＮＡの塩基配列は決定されましたが、その働きの調節に関する研究は道半ばなのです。必要な時に必要な遺伝子を読むことはどうすると可能なのでしょうか。上記の九八％を含めて遺伝子の活性に及ぼす仕組みを解析する分野を**エピジェネティックス**（ゲノムを超えた遺伝学）といいますが、今必要なのはエピジェネティックスの課題を解いていくことなのです（第四章参照）。

ここまでで細胞内の最重要な反応、ＤＮＡの複製とセントラルドグマ（ＲＮＡへの転写とタンパク質への翻訳）の概要について説明をしました。

5　細胞の複製はどう進行するか（ｔｓミュータントとＣＤＫの発見）

細胞全体のことに戻りましょう。

一九五〇年代には動物細胞を体外に取り出してシャーレの中で培養する、細胞培養法が試みられていました。日本における細胞培養の先駆者、勝田甫教授は、苦労した後に細胞培養に成功すると、培養細胞の生きた状態を顕微鏡下で数日間撮影し、その活発な変形や移動の様子を映画にして示しました。また、分裂時に細胞が扁平な状態から球状に変化し、やがて二つにくびれる様子などの臨場感溢れる様子を映し出して多くの人々に刺激を与えました。(＊) しかし内部

＊　日本では一九五〇年頃から勝田甫教授（東京大学医科学研究所）が中心となって発がん機構の解明を目的に細胞培養の研究が発展した。先生は全国から細胞培養の意欲のある多くの研究者を受け入れ、細胞培養技術を伝授した。また、日本組織培養学会を設立した。私も一九七三年に勝田研に入門して細胞培養の基礎を習得し、細菌から細胞へ研究の対象を広げることができた。勝田研の厳しいトレーニングは日本のこの研究分野の発展に多大な貢献をした。

変化の情報はあまり得られませんでした。

細胞内部の様子を窺うきっかけとなる重要な変化は、一九五三年に放射性同位元素を利用した実験で明らかにされました。普通の水素原子（^{1}H）に対し、重水素原子（^{3}H）はその化学的性質は変わらないが弱い放射線を出します。これを含んだチミジン（^{3}H‐標識チミジン）は細胞に吸収されるとＤＮＡにだけ特異的に取り込まれます。そこで一定時間^{3}H‐標識チミジンを細胞集団に与え、^{3}H‐標識チミジンを取り込んだ細胞を放射線で検出します。すると細胞は常にＤＮＡを合成しているのではないことが解りました。すなわち細胞は分裂と分裂との間（細胞周期）の限られた時間でのみＤＮＡの複製をしていることが明らかになったのです。そしてこの限られた時間を細胞周期内のＳ（Synthesis、合成）期、これに対し分裂期をＭ（Mitosis）期と呼びました。そしてＭ期とＳ期の間つまりＤＮＡの複製の準備をしていると見られる期間をG_1（Gap1）期、Ｓ期とＭ期の間つまり核分裂の準備期間をG_2（Gap2）期と呼ぶようになりました（図１‐11a）。細胞はG_1、Ｓ、G_2、Ｍ期を経て分裂を繰り返し増殖していることが明らかとなったのです。

細胞は分裂後具体的にどのような反応が契機となってＤＮＡ複製を開始するのでしょうか。一九七〇年代中期には高等生物の遺伝子解析はほとんど進んでいませんでした。そのような時に細胞周期の進行にはどのような反応がかかわっているか、そのブラックボックスの中をどうしたら知ることができるのか、威力を発揮したのが突然変異細胞の一種、**温度感受性変異株**

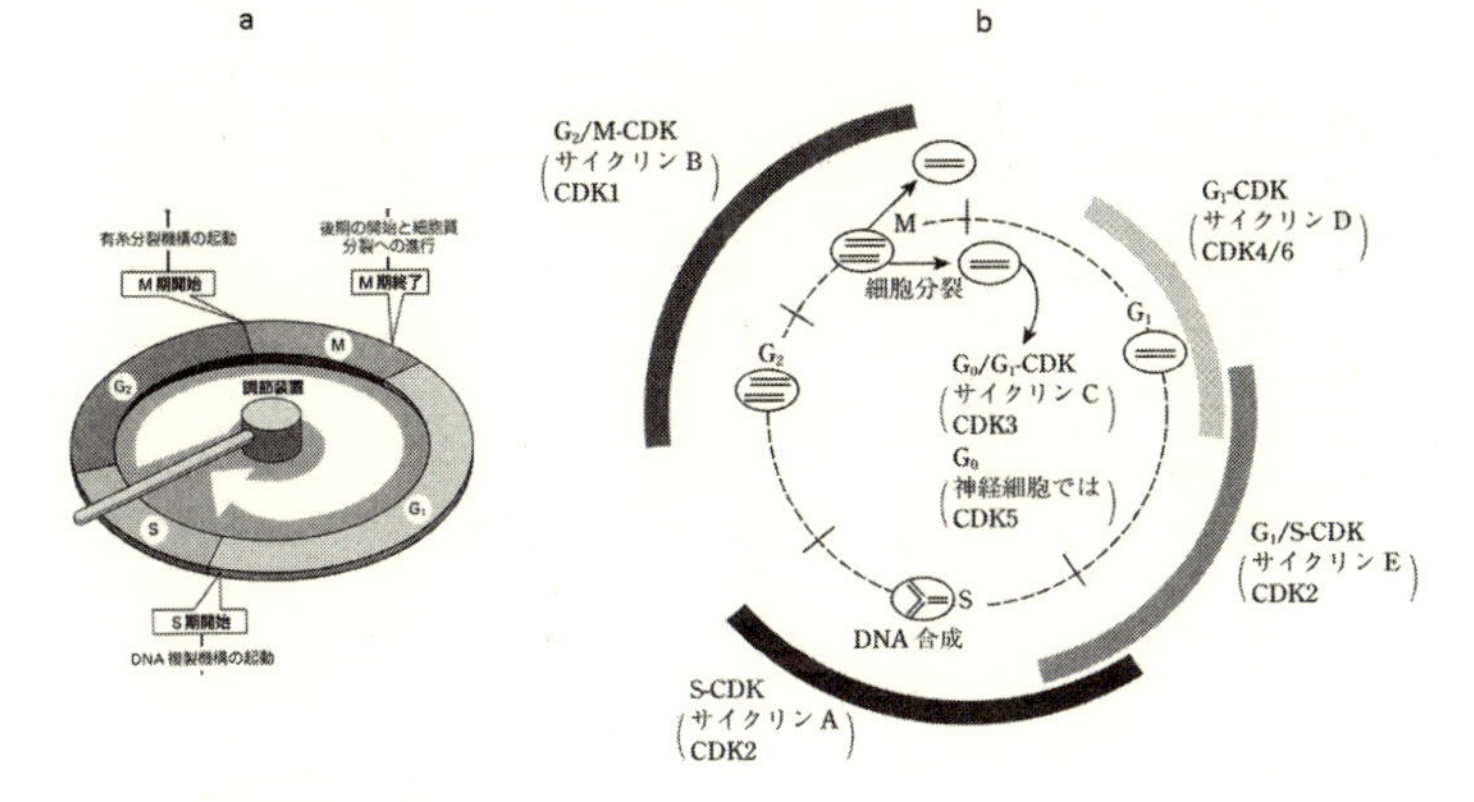

図1-11　細胞周期の模式図

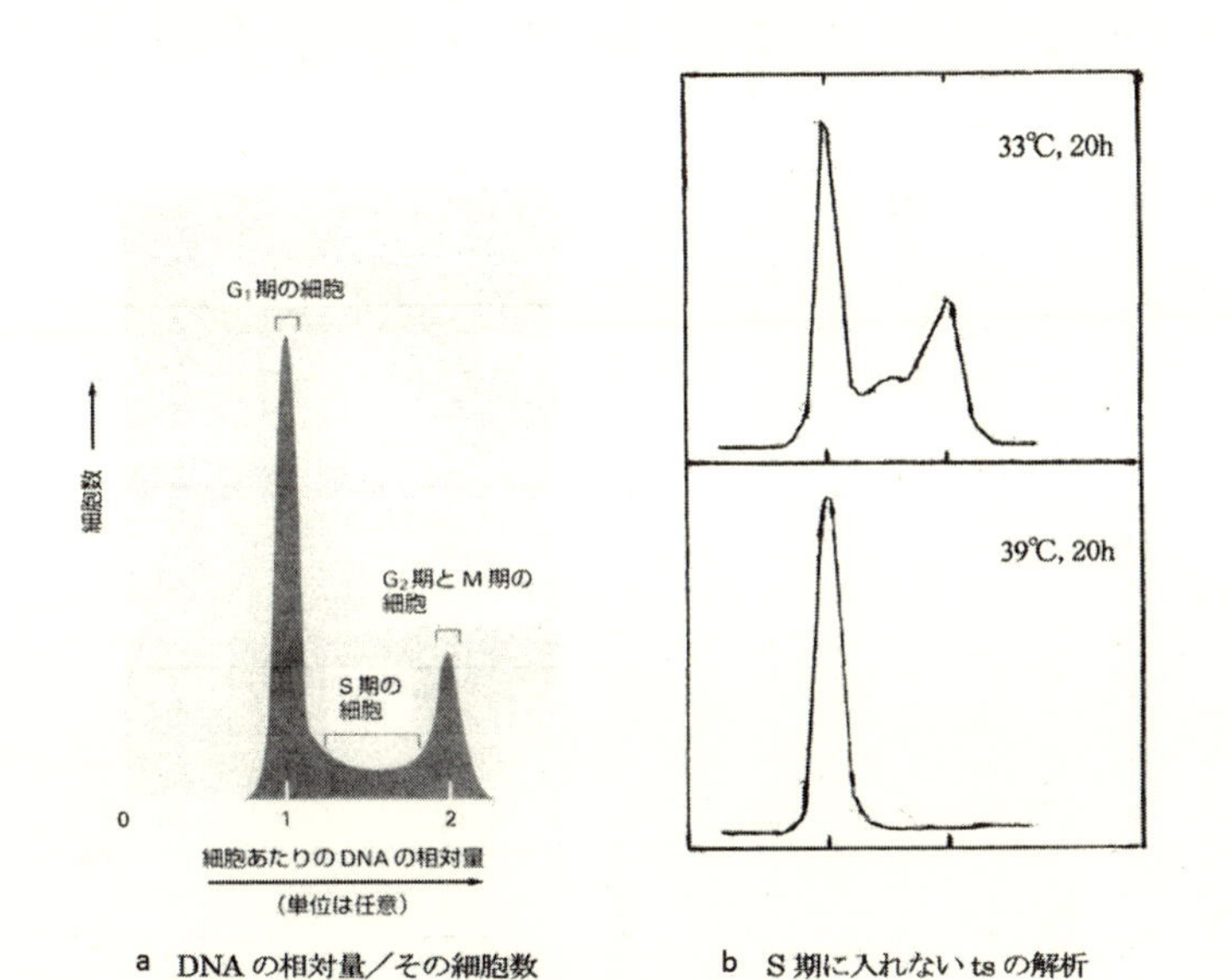

図1-12　セルソーターを用いた細胞集団の解析

（tsミュータント）を用いる研究でした。

これは一九五〇年代に大腸菌などの遺伝解析に用いられた方法を、酵母や培養細胞など、真核細胞へ適用したものです。培養細胞を変異誘発剤で処理後、三十三℃（許容温度）では増殖するが三十九℃（非容温度）では増殖できないtsミュータントを拾い、その中からとくにS期を開始できない（上記の³H‐チミジンを取り込むことのできない）細胞を拾い出します。[8] 得られたtsミュータントを三十三℃と三十九℃で一周期以上培養してから、各細胞のもつDNA量をセルソーターという機械を用いて解析します。三十三℃の細胞集団は図1‐12b上段に示すようにG1、S、G2／M期の細胞が野生型（図1‐12a）と同じように分布します。それに対し三十九℃で培養したtsミュータントは図1‐12b下段のようにG1期の細胞集団のみで構成されています。

前の周期のS、G2／M期を進行中の細胞はみな周期を終えて次のG1期に入りましたが、S期に進むことができないと考えられました。また、放射性同位元素で標識した³H‐チミジンのDNAへの取り込みを比較すると、三十三℃の細胞では観察されるが、三十九℃の細胞では取り込みが観察されませんでした。すなわちtsミュータントは図1‐11のS期開始の直前に集結していると考えられました（正確にはG1期中のどこでも可能性はありますが）。希望的観測として、原因は変異細胞のもつタンパク質分子のどれかが三十九℃では機能不全となり、DNA合成をすることができないためと考えられました。そしてこれこそがS期に入るための鍵となる要素だと考えられたのです。

そこで三十三℃と三十九℃で培養したｔｓミュータントから別々にタンパク質を抽出して両者の成分を比較し、活性の解析を重ねました。その結果、Ｓ期に突入するために必要な酵素、**サイクリン依存性キナーゼ**[9]（ＣＤＫ）が温度感受性に変異していることが明らかとなりました（希望的観測が正しかったのです）。

細胞周期の進行につれて周期的に増減するタンパク分子、**サイクリン**の存在は以前から知られていましたが、その機能は不明でした。ＣＤＫはサイクリンと結合すると活性化するタンパクキナーゼ（標的のタンパク分子にリン酸を結合して活性化する酵素）です。この酵素が三十三℃では活性化されてＳ期のＤＮＡ複製に必要ないろいろな酵素や基質を整え、実際にＤＮＡの複製が開始され、細胞周期が進行します。三十九℃ではサイクリンとの結合で活性化しないためＤＮＡ複製ができないので、細胞周期がＳ期の前で停止することが判明しました。なお野生型は両温度で細胞周期が進行します。

サイクリンが消えたらどうなるでしょうか。キナーゼは働かなくなり細胞周期の進行は停止します。それが実際に起こっていることが解ってきました。私たちの解析したｔｓ85が大きな役割を果たしました[*]。

6　会話が細胞の命をつなぐ

上記を要約すると、細胞周期が回ると「細胞は精確にＤＮＡを複製し、間違いなく分裂をする」ということになります。すなわち「細胞は刺激を受けると周期の進行に関連する遺伝子を転写し、翻訳し、その産物の働きにより自己複製をおこなっている」ということになります。事実、細胞はＭ期を除いた他の時間に、ＲＮＡやタンパク分子やその材料などを合成し、細胞内で盛んに酵素反応を展開しています。

しかし、腎臓や心臓などの器官を構成している多くの細胞を思い浮かべると、日常の活動のほうが急しくいつも増殖しているとは考え難いです。実際、腎臓や心臓では「大部分の細胞は増殖をしていない」のです。多細胞生物の場合は個々の細胞が増えることと個体を維持し増やすこととは一元的に繋がっていません。この場合生きていることと増殖とはどう関係しているのでしょうか。

前節の始めに触れたように、一九五〇年代には動物細胞を体外に取り出して培養する、細胞培養法が発達しました。細胞を培養してみると意外なことが明らかとなってきました。細胞は容易には増殖しないということです。

前述した勝田先生も大変苦労された一人でした。動物から得られた細胞が全て増殖するわけではありません。組織から採ってきた細胞は、普通はなかなか分裂増殖をしません。比較的容易に増殖する細胞は結合組織由来の繊維芽細胞や、血管内皮細胞です。これらの細胞にしても豊かな培地に動物の血清を加えることが必要です。ところが、血清の成分は複雑で、何が有効であるのか正確に明らかにすることは困難でした。そのため例えば培養細胞を用いてがん化（細胞増殖）の仕組みを解こうとする場合、血清の添加はデータの明快さの妨げにもなり兼ねませんでした。そこで勝田先生は、血清を加えない無血清培地や、血清の透析や、培養前後での培地成分の分析、アルブミンによる代替などいろいろな努力をして解析しました。しかしいずれによっても細胞の増殖に必要な条件を確定するには至りませんでした。

それでは血清は何のために必要なのでしょうか。この問題に大きな進展をもたらしたのは米

＊　サイクリンは細胞周期の進行に伴い増減する。サイクリン分子は細胞周期上で役割が済むとユビキチン化されて分解することが後に解った。ユビキチンとは七十六個のアミノ酸が連なった小さなタンパク質で、ユビキチン付加酵素系によって標的タンパク質（役割を終えた分子、不用な分子、部分的に破損した分子など）にＡＴＰのエネルギーを利用して複数個付加される。それが目印となり細胞内のプロテアソームというリボソームより小型の亜鈴型で筒状のタンパク質複合体に運ばれ、その中でアミノ酸に分解される。ユビキチン化現象は核をもたない赤血球のタンパク質分解の系としてハーシコ（A. Hershko）らによって発見され、ハーシコらはこの功績により二〇〇四年ノーベル賞を授与された。私は後述するようにマックス・プランク分子遺伝学研究所での成果「大腸菌のＤＮＡ合成終了と細胞分裂の関係」を真核細胞でも明らかにすべく、帰国後日本で培養細胞のｔｓを用いて周期後半の解析をしていた。私たちが発見したｔｓ85では三十九℃でG_2に停止し、ユビキチン化酵素が温度感受性であることが明らかになった。ユビキチン化が細胞周期の制御機構に関与していることを示唆し、細胞周期の解析に貢献したが、最後の踏み込みが足りずにノーベル賞をかすった研究となった。一九八〇年代前半のことであった（参考文献R1-7）。

国のG・サトウ（G. Sato）でした。彼は、血清を増殖因子やホルモンで置き換えると細胞の増殖を維持できることを発見しました。一九八〇年代のことでした。細胞の種類によって要求する増殖因子やホルモンが異なるので、全てが一時に解決したわけではありませんでしたが、細胞の増殖に必要な要素が少し明らかになりました。細胞が必要としていたのは血清中に含まれている**増殖刺激因子**だったのです。この発見は関連する多くの研究を刺激しました。そして動物細胞に対する認識を一新することとなりました。

基本的に成熟した組織の細胞は、糖分、アミノ酸、ビタミン、塩類などが十分であってもそれだけでは細菌のようには増殖しません。必要なのは増殖因子による刺激と、それに対する細胞の応答です。すなわち、動物細胞では周囲の組織から分泌される増殖因子を細胞膜上の受容体が受信すると、これに細胞内の**シグナル伝達経路**[10]（図1-13）が反応します。そして反応経路上の様々な酵素や基質などが次々に活性化し、最後に核内の転写調節因子が活性化して、必要な遺伝子を呼び覚まして転写、翻訳で酵素ができます。そうすると細胞は増殖の体制に入ることができます。すなわち経路（ライン）上の分子たちが相互に会話し、情報交換して、全体として増殖の行動を開始します。この点は栄養条件が満たされるといつでも増殖できる細菌や単細胞生物との根本的な違いです。このシグナル伝達経路は一例で、このような経路が細胞内には数え切れないほど多数存在しています。それらは分岐し、あるいは交差して細胞内全体の反応が円滑に進行することに貢献しているのです。

培養下でよく増殖する細胞は、一見独立に生きているように見えます。しかし、血清の中には他の細胞が合成・分泌した増殖因子と同様の成分が含まれていますので、細胞は他の個体に移植された臓器と同じように、擬似個体の中で培養されていることとほとんど同じなのです。言い換えると、細胞にとって増殖因子は個体との有機的繋がり、情報の伝達（コミュニケーション）を意味しているのです。そして上記のシグナル伝達経路上の分子間の会話を細胞内のコミュニケーションとすると、増殖因子は器官や細胞間のシグナルに相応すると見ることができます。

動物細胞の場合には、腎臓や心臓のように個体全体の活動のために分担した役割があります。腎臓や心臓の細胞、あるいは筋組織や骨組織の細胞は、他の組織や細胞から増殖刺激を受けて初めて増殖を開始する性質が基本なのです（中には刺激を受けても増殖できなくなっている細胞もありますが）。

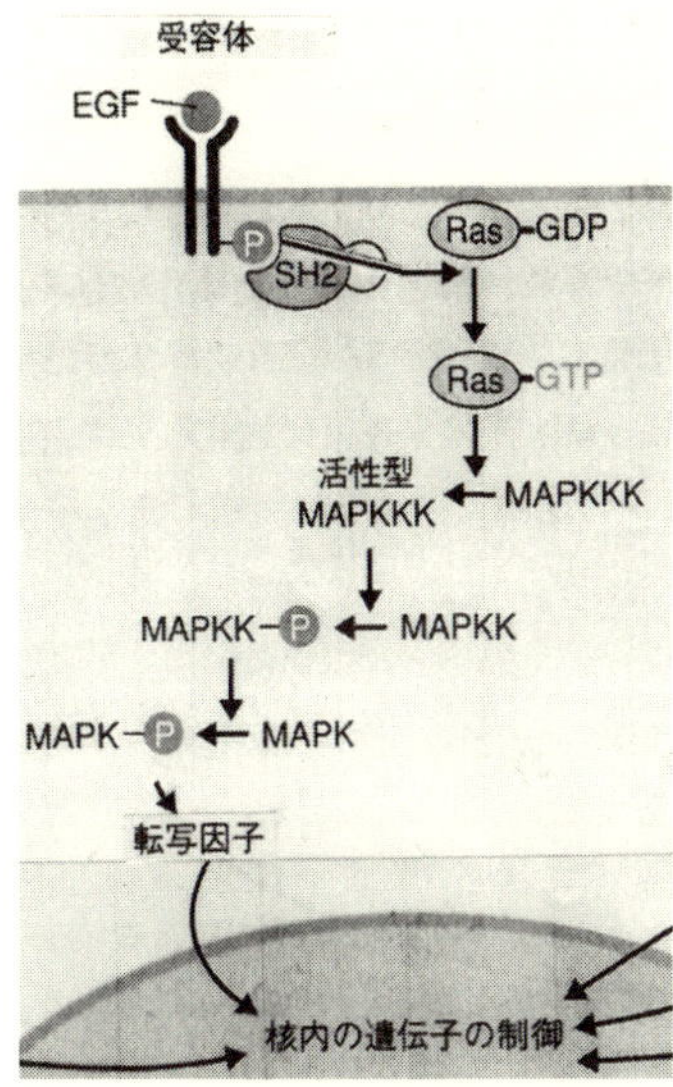

図1-13　シグナル伝達経路の模式図

動物細胞にとって他の細胞や組織とのコミュニケーションは生きていくために不可欠な要素であると言え

ます。皮膚や腸管上皮のように自分の仕事を果たしつつ、かつ、増殖を続けている細胞もありますが、この場合は周囲の細胞から絶えず増殖刺激を受け続けているのです。

蛇足として加えると、がん細胞はコミュニケーション不能の典型と言えます。コミュニケーションには増殖抑制も含まれていますが、がん細胞には通用しません。また、がん細胞には自分で増殖因子を異常に生産して反応するものもあります。正常な細胞にとって個体全体とのコミュニケーションは、生きていくうえで欠かすことができないものなのです。

以上のように、細胞の複製は一大イベントであり、その中で肝心なことはＤＮＡの複製です。地球上に最初に原核生物が出現し、その生息が広がると、種間の競争が激しくなりました。そのため必要最低限の遺伝子（ＤＮＡ）の複製をして、他より速く自己増殖を繰り返し、数で圧倒する姿が三十六億年後の今日も続いています(*)。

それに比べ真核細胞は、生き残る戦術として多彩な性質や機能の特徴を生かしました。その結果、増殖速度で張り合うよりも大量の遺伝情報にもとづいた特徴的な機能を生かす道を選択したと考えられます。それでＤＮＡの量も複製の時間も、大幅な変化が許容される結果となったのではないかと考えられるのです。

しかしながら、実際に起きた順序は逆でしょう。ＤＮＡ量が莫大に増えた真核細胞の生き残る道はこれしかなかったのです。真核細胞の場合はＤＮＡが桁違いに大量なので、分裂と複製開始の関係を確実にするために上で見てきたようないろいろな保証機構が整えられています。

真核生物が誕生する過程においては、第三章で述べるように単に遺伝子を核膜で包んだだけではなく、遺伝子の複製系と細胞周期の進行の調整は一大問題でした。さらに第四章で述べるように個体全体が一つの生命体として複製する道を開拓する必要がありました。そのため個々の細胞は個体全体の中の仕事を分担することとなりました。細胞と個体全体とのコミュニケーションの重要さはそこで生まれたのです。

それはさておき、次章では先人たちの足跡をたどりながら、地球上にどのようにして最初の生命体が出現したのかについて考えてみることにしましょう。

＊〔補足〕大腸菌の生き方：大腸菌は栄養条件が整っているとDNA合成を開始し、細胞分裂を完結できる。特別な増殖刺激因子を必要としない。DNA合成を開始から細胞分裂完了まで六十分を要するが、対数増殖期に測定すると平均世代時間は二十―三十分である。私は一九七〇年から二年間西ベルリンのマックス・プランク分子遺伝学研究所で大腸菌の細胞周期の研究をしていた。共同研究者はメッサー（W. Messer）教授で彼の工夫した装置を使って大腸菌の同調培養を材料に実験をしていた。その結果、上の一見矛盾するように見える原因は次のように解釈されることが解った。大腸菌ではDNAの合成終了がシグナルとなって細胞分裂の準備が開始されるが、その時次のラウンドのDNA合成も開始される。そのため細胞分裂が終了するときには既に次のDNAが合成進行中なのであり、細胞一個あたりのDNA量は正確には倍以上に増えている。その結果平均世代時間が短縮されるのである。核をもたない大腸菌の場合は染色体が細胞膜に付着しており、分裂時には娘染色体間の細胞膜の成長が同時に進行し、やがて細胞が分裂するので不都合が生じない。

第二章

生命は非生物から生じた

1　生命の謎に対する考察

生命体はどのようにして地球上に出現したのでしょうか。人々は長い間この問題について考えてきました。時には「生命の自然発生」と放置されたこともありました。

十九世紀になって、大科学者ラヴォアジェ（A. L. Lavoisier）が、生物を作っている物質（有機物）と非生物の物質（無機物）とでは何が違うかが問題であると指摘して、この問題に解答を出すための一歩を踏み出しました。それを受けてベルツェリウス（J. J. Berzelius）は「生命体だけが作れる物質が有機物質であり、その力が生命力である」と展開しました。しかしヴェーラー（F. Wöhler）が一八二八年、尿素などの有機物質を非生物的に人工合成することに成功すると、有機物質を〝巧みに作ることができる〟能力こそ生物の中の特殊な力であると変化しました。

一方、発酵や消化など生物の研究からスタートしたパスツールは、これらの現象を支えている実体が酵素、タンパク質分子であることを突き止めました。生命体における反応は酵素による触媒反応の複合過程であることを主張したのです。さらに彼は、一八六〇年代に有名な〝白鳥の首のフラスコ〟実験をおこない「生命の自然発生説」を完全に否定し、生命体における酵素反応の重要性を明確に示しました。

この後も十九世紀後半から二十世紀前半にかけて生命現象に対する化学的な研究は進展しました。二十世紀初頭にメンデル（G. J. Mendel）の遺伝の法則の再発見があり、世紀の中頃になると、細菌や、酵母を使った遺伝の研究により生物の性質を決めている遺伝子の重要性とその性質が次第に明らかにされ始めました。

そして一九五三年のワトソンとクリックによるＤＮＡの発見を契機として、生命体を構成する化合物のおおよその姿が明らかになりました。すなわち生命体はＤＮＡ、ＲＮＡ、タンパク質を中心とする反応系であるとの理解が進みました。しかし、その反応系の最も基本的で重要な性質に多くの人々が気づくためには、生命発生のための反応系をより具体的に思考できるようになるまで待たなければなりませんでした。

2　理論物理学者シュレディンガーが生命について語った

量子力学の生みの親の一人、オーストリア生まれのシュレディンガー（E. Schrödinger）が、一九四三年ダブリンでおこなった講演「生命とは何か」は、英国のみならず世界中の科学者や科学者の卵たちに多大な影響をもたらしたことはよく知られています。DNAの構造を明らかにしたクリックもこの講演記録を読んでいました。

シュレディンガーは生命をどう捉え、何を問題として話しかけようとしていたのでしょうか。シュレディンガー著『生命とは何か』（岡小天・鎮目恭夫訳、岩波文庫）を、今上記の視点から改めて読んでみると、生命体と遺伝子について的を射た考えを述べていることが解ります。それはタンパク質や核酸などの高分子化合物についての詳細な研究が進んでいなかった時代に述べられたということを想起すると驚異的です。

シュレディンガーは、生物のもつ謎を「受精卵の核と言うちっぽけな物質のかけらが、生物体の将来の成長の全てを含む暗号表をどのようにかして内蔵している」と整理し、そして「暗号の縮図は、はなはだ複雑でしかも明細に指定された設計図と一対一の対応をしており、さらにこの設計図を施行する手段を何らかの仕方で含んでいる筈だ」と、核のちっぽけな物質のかけら（遺伝子）とその働きを生物のもつ謎の中心に据えています。とくに後半部分「設計図を施行する手段を含んでいること」を指摘している点は驚異的です。また、突然変異についての考察から、「生殖細胞の『支配的原子団』のなかのほんの少数の原子が位置を転ずるだけでも、生物体の目で見える程度の遺伝的特徴にはっきりとした変化を起こさせるに十分である」と

（翻訳の）表現は昔風ですが、遺伝子の特徴を正確に指摘しています。

しかし生物は「物理学の法則に帰着させることのできないやり方で、働きを営んでいると結論できる」と述べて、私たちに「おや？」と一瞬ためらいを生じさせるのですが、その真意は「物理学の法則に従う力以外の新しい力が存在する」のではなく、「生きているもの（を構成している化合物）の構造がこれまで研究されて来たどんな物とも異なっていることを意味する」と述べています。一九四〇年代にはタンパク質を始め、多糖類、核酸など高分子の物理化学的性質がほとんど知られていなかったことを考慮すると、この記述は理解できると思います。

そのうえで「生物体が『秩序の流れ』を自分自身に集中させることによって、崩壊して原始的な混沌状態になってゆくのを免れるという生物に具わった驚くべき天賦の能力、すなわち適当な環境のなかから『秩序を吸い込む』という天分は、『無周期性固体』と呼ぶべき染色体分子の存在と切り離せない結びつきがあるように思われます」と生物の謎を的確に捉えつつ、それをどうにかして明らかにしたいという物理学者としてのジレンマにも似た心境を吐露しています。

そして同時代のドイツの物理学者、デルブリュック（M. Delbrück）の描いた遺伝子のモデルをもとに、「遺伝子が一個の分子だという推測は今日では常識になっているのです」と述べ、かつ遺伝現象の本質から「遺伝子の永続性」を指摘し、遺伝子の働きによる生命体について「簡潔に言えば、我々が直面しているのは、現に存在する秩序がその秩序自身を維持する能力と、秩序ある現象を生み出す力を顕わすという事柄です」と結んでいます。これは〝遺伝子が細胞の維持と増殖にかかわっている〟と解釈することができます。すなわちシュレディンガーは、遺伝子の本質とその重要性をしっかりと認識していました。

もしシュレディンガーが遺伝子の化学的性質について少しでも知っていたら、世界はもっと先を進んでいたことでしょう。そのもどかしさが彼の「生物は負のエントロピーを食べている[11]」という名言に結びついたようにも思えます。

この講演を聞いた若者たちの中から後に優れた分子生物学者が数多く輩出したことも事実です。

3　始まりはＤＮＡではない

シュレディンガーによって投げかけられた問題は、その十年後にワトソンとクリックによる遺伝子、ＤＮＡの発見という衝撃的な出来事につながりました。そして世界中の多くの研究者が参画し、ＤＮＡにかかわる多種類の分子や反応系が発見され、その化学的性質や働きが明らかにされる中で、**分子生物学**という新しい科学の分野が誕生しました。

これまで概念的に捉えていた生命体の活動を化学物質の反応、作用として理解するようになりました。それは**セントラルドグマ（中心教義）**と呼ばれる指導的原理に要約されるように、細胞内の全ての反応はＤＮＡの遺伝情報がＲＮＡを経てタンパク質分子へ伝えられ、タンパク質分子が酵素として細胞内の多くの生化学的な反応を動かしているというものです。これにより〝生命体は全て遺伝子、ＤＮＡによって決められている〟との世界観が広まりました。

この事実は生命体の本質的理解につながったことはたしかです。しかし、ＤＮＡ（遺伝子）とはいったい何者か、どこからやってきたのか、生命体と遺伝子とはどのような関係にあるのか、生命体の謎について話を先に進める前にこの問いに対して頭の中を整理しておく必要があるでしょう。

地球上に初めて生命体が発生した時、そこには当然生命体はなかったわけです。そして、一度生命体が生じると、そこから生命体は次々に生じたのです。〝生命体は自分で自分を創ることができる〟という不思議な性質をもっていました。その性質がなければ末裔である今日の私たちは存在しません。

生命体がその発生時からもっていた基本的性質、自分で自分を創る性質を〝**自己複製能**〟といいますが、その謎を操っている中心はどこにあるのでしょうか。その中心は第一章で見た通り、細胞の中心、ＤＮＡにあるのではないか。「その通りＤＮＡである」。これがここまでの結論です。

ところが細胞の複製の具体的反応を振り返ってみると、図１‐７では解り難いかもしれませんが、ＤＮＡは自分だけで複製しているわけではありません。多くの酵素（タンパク質）やＲ

NAなどの助けによって成り立っています。原始の世界にそのような仕組みが整っていたはずはありません。DNAが〝自分で自分を複製すること〟すなわち生命発生時の最初の反応を成し遂げている姿を思い描くことは難しいのです。

つまり、DNAから生命体が始まったとすることには無理があるのではないでしょうか。この疑問はDNAや細胞の研究が進むにつれて次第に高まっていきました。

4 RNAワールド

それでは最初の生命体のもととなった化学物質は何だったのでしょうか。原始的な〝生命体〟の中核となった分子は非生物的に合成された化合物であり、自己を複製できる触媒活性と、その情報を分子構造の中に蓄えることができるものであったはずです。このことを第一義的に考えると、その候補分子はRNAではないだろうかという考えがもち上がりました。

すなわち、現存する生命体より前に、自己複製のできるRNAを中心とする「RNAワールド」があったのではないか、と考えられるようになったのです。たしかにRNAに自己複製反応を触媒する活性が認められればその可能性は生まれてきます。

実は、DNAの構造を世界で初めて明らかにした研究者の一人、クリックは、一九六八年に「自己複製能をもつ生命体の発生に最初にかかわった分子はDNAではなくRNAである可能性」に初めて言及していました。しかしこの考えは当時世の中にあまり広がりませんでした。
それから十三年後の一九八一年に、チェック（T. R. Cech）がRNA分子にもタンパク質と同じように酵素作用するものがあることを発見しました。チェックはテトラヒメナという原生動物のリボソームRNA（rRNA）の成熟過程を研究していました。そして後に**スプライシング**[12]と呼ばれるようになった反応で、RNAの切断と結合がタンパク質の酵素なしにRNAだけで進行することを見つけたのです。すなわち、ある種のRNA分子にタンパク分子のように酵素としての触媒活性のあることを初めて見つけたのです。そして酵素活性をもつRNAをその後**リボザイム**[13]と呼ぶようになりました。

この発見は研究者の世界に驚きをもって迎えられ、研究者の探究心に火をつけ、これを契機にRNAに注目が集まりました。そしていくつかの人工的に合成されたRNA分子にリボザイム活性が確認されました（図2‐1）。その流れは短期間に世界中に広がりました。そして近年になって、タンパク質合成工場であるリボソームの反応の中心は、当初考えられていたように多数の構成タンパク質分子ではなく、**rRNAのリボザイム活性**によるということも明らかとなりました。

ここまで来ると、「あるRNA分子が自分と同じ塩基配列のRNAを作る反応を触媒すると、その塩基配列は保存される、そしてその塩基配列は殖える」（RNAの自己増殖）可能性は強まります。さらに、一九七〇年代にDNA塩基配列決定法を開発し、世界中の分子生物学者に影

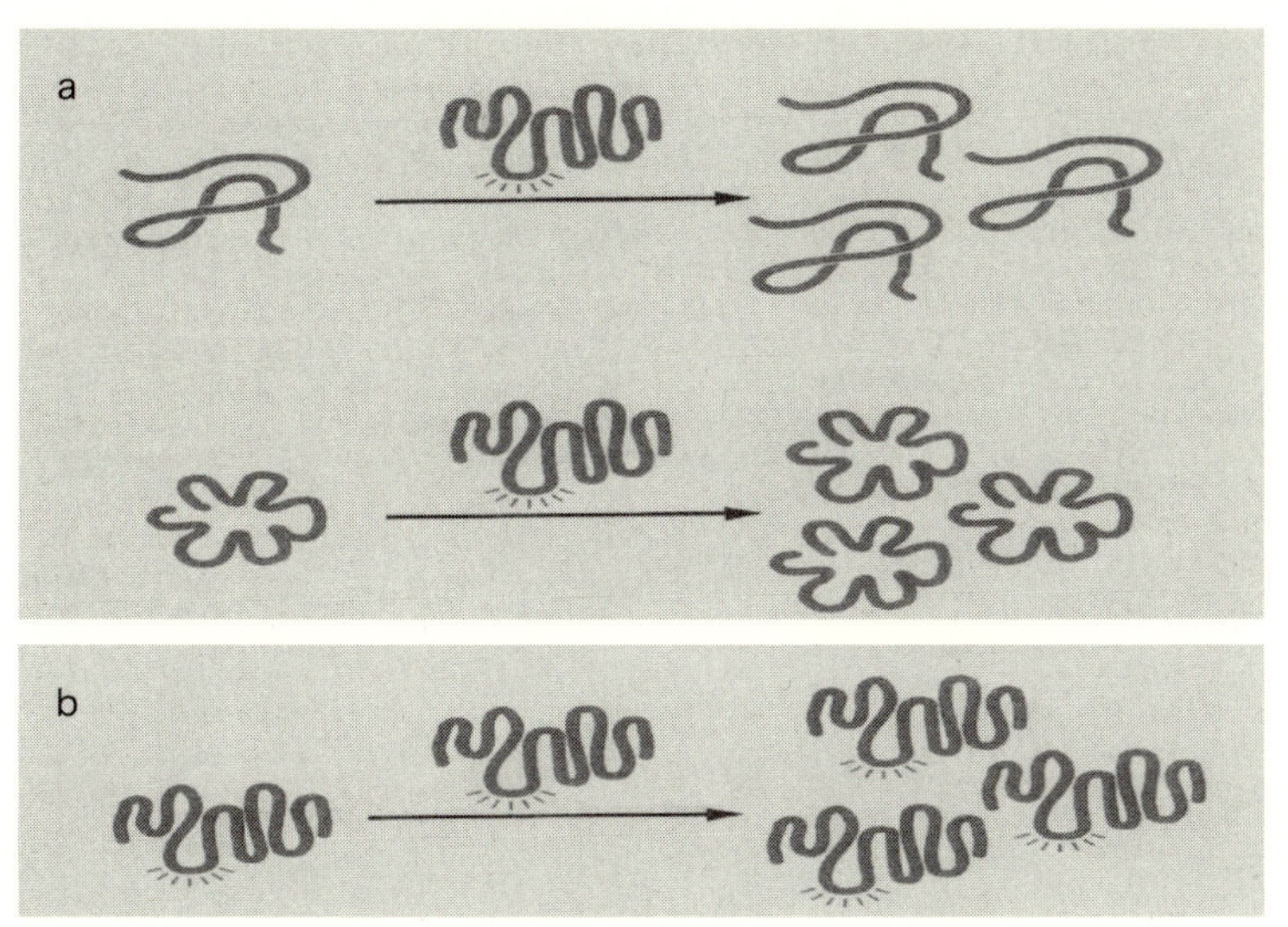

図2-1　人工合成ＲＮＡのリボザイム（酵素）作用のイメージ図

響を与えたギルバート（W. Gilbert）が、一九八六年〝ＲＮＡワールド〟という論文を発表したこともあって、生命発生の前段階でＲＮＡが重要な働きをしたとする考えが世界中に広まりました。

〝ＲＮＡワールド〟の話を進める前に、ＲＮＡ分子の概略について振り返っておくことにしましょう。第一章では、遺伝情報が具体化していく過程の転写と翻訳の段階でＲＮＡについて記しました。その際、転写でＤＮＡの情報をコピーしたメッセンジャーＲＮＡ（ｍＲＮＡ）、アミノ酸をリボソームへ運ぶ転移ＲＮＡ（ｔＲＮＡ、図1‐10参照）、タンパク質の合成工場であるリボソームＲＮＡ（ｒＲＮＡ）について記しました。いずれもＲＮＡとしての基本構造は同じです。異なるのは分子の塩基の配列順序と長さです。

ここでは、あるｔＲＮＡ分子の前駆体を一例として図２‐２に示します。ＲＮＡは通常一本鎖の分子ですが、同一分子内の塩基配列中に相補性を示す部域があると図のように部分的に塩基対を形成することもよく知られています。図２‐２はドイツのＲＮＡ研究の第一人者グロス（H. J. Gross）のグループの論文から引用したものです。ｔＲＮＡの遺伝子にも分子の成熟過程で切除される部分〝イントロン（介在配列）〟を含むものがあります。

図２‐２aはｔＲＮＡ遺伝子の転写産物ですが、線で囲まれたｉ１からｉ12はイントロンで、精製したこの前駆分子を三十七℃で数時間加温するとイントロンが除かれ（図２‐２b）、その後リガーゼで結合され、結果としてアミノ酸の一種（チロシン）を運ぶｔＲＮＡが完成します。この分子は点を付した3'AUG5'という塩基配列をもっています。これはチロシンの**アンチコドン**と呼ばれ、コドンの表（図１‐９）の5'UAC3'と相補性があります。このアンチコドンをもつｔＲＮＡは分子の3'端、CCAにチロシンを結合してリボソーム上にあるｍＲＮＡのコドンと塩基対を形成しペプチド結合へ導きます（チロシンを結合したｔＲＮＡの三次元構造は興味深いが不明。図１‐10参照）。

このようにアミノ酸を転移できることから**転移ＲＮＡ**と呼ばれています。今日では二十種のアミノ酸に対応するそれぞれの転移ＲＮＡが知られています。

なお、この例で述べたｔＲＮＡの介在配列の除去は自己消化反応で、この分子自体にリボザ

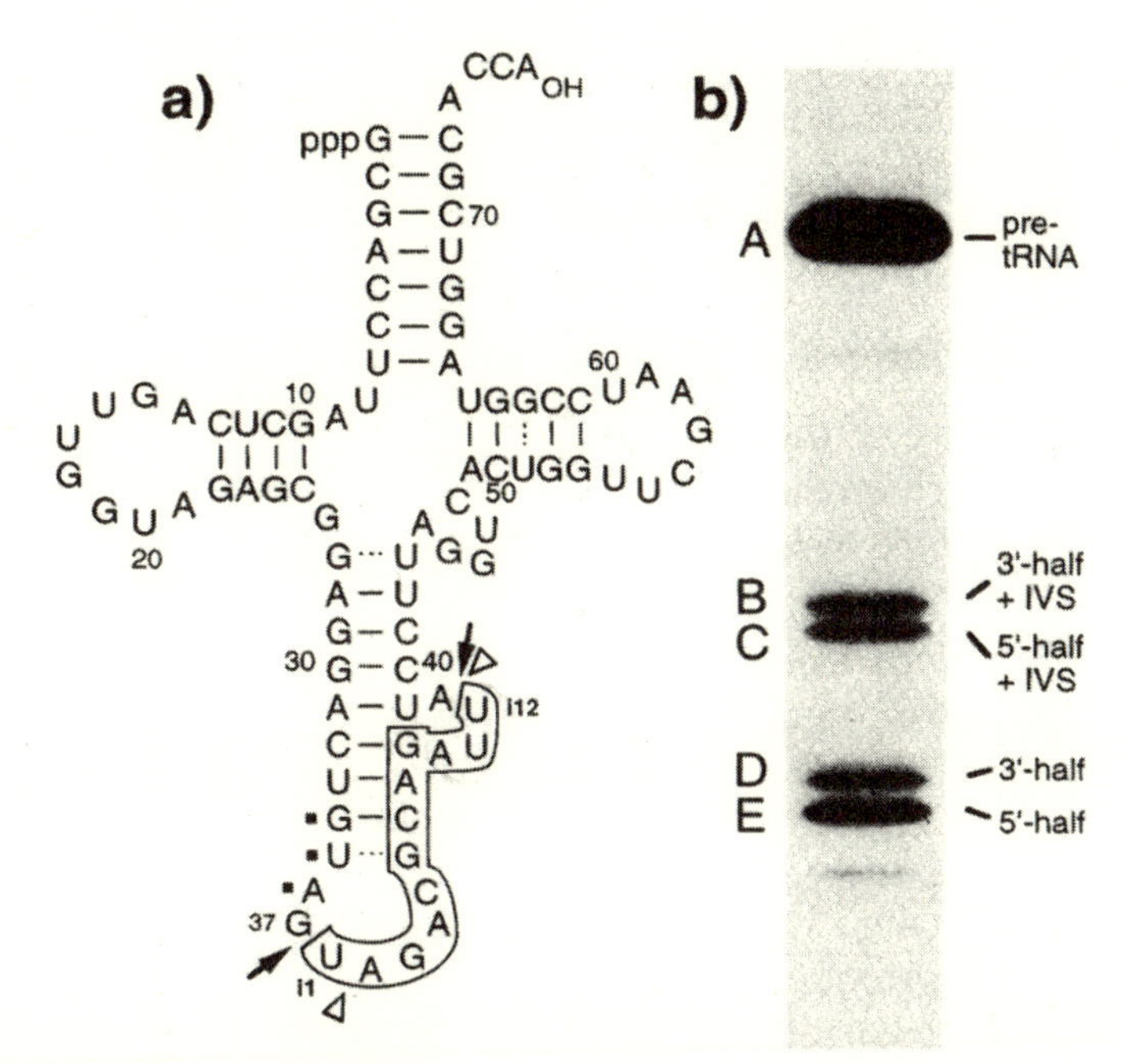

図2-2　ｔＲＮＡ分子の前駆体

イム活性があることを示しています。切断される位置の塩基を変えると切断されなくなるので、切断には塩基の配列や構造が重要な条件になっていることが解ります。このｔＲＮＡの前駆体はＲＮＡワールドの名残、すなわち「ＲＮＡ分子の中には酵素活性をもつものがある」ことを示す例の一つでもあります。

5 ペプチド核酸（PNA）の世界で

RNAワールド構築へ話を戻すと、地球上に初めて誕生した原始的な〝細胞〟は、自分と同じ分子を複製する触媒活性をもつ分子を含んでいました。その自己複製能をもつ分子はRNAであったのではないかという考えが広まりました。全てのRNA分子が自己複製能をもつわけではありません。それでは自己複製能をもつRNA分子はいつどのように生じ、どのように生命の発生に繋がったのでしょうか。

RNA分子をよく見ると構成単位であるリボヌクレオチド分子は塩基、糖、燐酸が結合したものですが、これが長く連なった分子を非生物的に合成することは容易ではありません。そこでRNA合成に対する助け舟が必要となりました。そこで研究者たちにはまた他の分子を探すことが必要となりました。

当時の自然界では、雷による放電や高温、あるいは金属の触媒による非生物的な反応で、有機化合物の種類や量が徐々に増え、特定の場所に濃度高く蓄積していました。そこには塩基、糖、アミノ酸、有機酸、脂質などが含まれていました。その中にはエチレンジアミンやアミノエチルグリシン（AEG）などのアミンも含まれていました。脂質で囲まれた水域でAEGがたくさん結合するとペプチド核酸（PNA）が形成されます。

PNAは、図2-3のようにアミンの一種アミノエチルグリシン（AEG）がたくさん

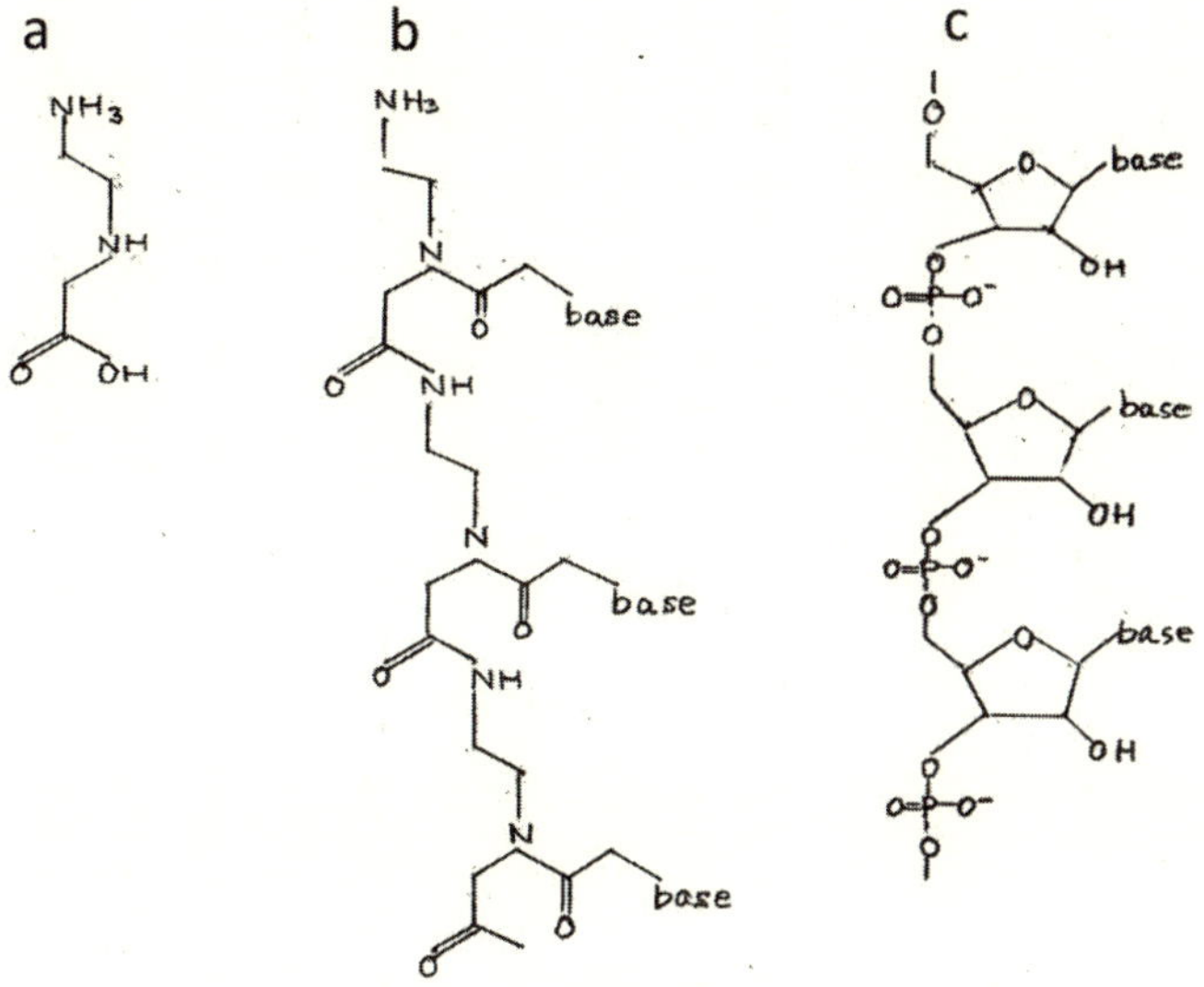

図2-3　ＡＥＧ、ＰＮＡ、ＲＮＡの模式図

連なった（重合した）化合物で、一つおきのＮにアセチル基（CH_3CO-）を介して塩基が結合したペプチドと核酸の両性質をもち合わせた構造をしています。[14] 長いＰＮＡ分子には数百個以上の塩基配列を含むものが生じます。そしてＰＮＡの長鎖の化合物には触媒活性を有するものもあることが指摘されています。このようなＰＮＡ分子がもとになってＲＮＡが形成されたとするのがＰＮＡ説です。これはＲＮＡワールド構築に至る一つの仮説にすぎません。

　ＰＮＡの塩基にリボヌクレオチドの塩基が水素結合し、それらが互いに結合するとＰＮＡの塩基配列に相補的なＲＮＡ分子が形成されます。それらがＰＮＡから分離すると独立したＲＮＡ分子ができます。しかもＰＮＡの塩基配列は決まってはいないので、形成されたＲＮＡの中にはいろいろな塩基配列を有するもの、特定の二次構造をもつもの、稀に触媒活性をもったもの、などいろいろな分子が含まれていた可能性があります。ＲＮＡ分子は相補的塩基配列を介して集合体を形成しやすいので、そのようなＲＮＡ分子の集合体が形成されると反応の推進、展開に役立ったと考えられます。一つのＲＮＡが触媒活性を示すと、その産物であるＲＮＡが増えます（図２‐１）。

広大な海洋のあちこちの水域の脂質で囲まれた小区画の中で、長時間ＲＮＡ合成が繰り返されるとその中に触媒活性、しかも自分と同じＲＮＡ分子の合成を触媒するＲＮＡ（図２‐１b）が出現した可能性もあります。それはまさに自己複製系の誕生です。ＲＮＡに加えて、非常に機会は少なかったとしてもアミノ酸‐ＲＮＡのような特殊な結合物が生まれた可能性もあります。その産物の中に前記のグロスらのｔＲＮＡのように新たな自己触媒作用をもち、かつアミノ酸と結びつくような特殊な構造をもつＲＮＡが含まれていたとするとどうでしょうか。これはＲＮＡの世界へアミノ酸を引き込んだことを意味します[15]。アミノ酸を引き込むチャンスが広がると、ＲＮＡとアミノ酸の複合体や、アミノ酸の連なったペプチド（タンパク質）ができる可能性が生まれます。

タンパク質分子は二十種類のアミノ酸から構成されるので、四種の塩基からなるＲＮＡ分子よりも構造変化に富み、機能上も多彩な触媒作用を発揮することは今日明らかとなっています。多彩な触媒作用を発揮する酵素タンパク質の出現は、それまでのＲＮＡの世界を一変する出来事であったに違いありません。ＲＮＡの種々の素材、高エネルギー化合物ＡＴＰなどの補助因子の形成も拡大し、それらを形成する酵素群やアミノ酸を準備する反応系などなどが拡充されたに違いありません。これはまさに〝ＲＮＡワールド〟でしょう。

6　ＲＮＡの自己複製系とタンパク酵素の支援体制

その後ＲＮＡワールドの中でどのような反応系が生まれ、そして消えたのでしょうか。最後は、現在の細胞のもつ複雑で精巧な自己増殖系に近いものになったに違いないと私は考えています。その謎に解答を与えるためには、まだまだかなりの研究がなされなければならないでしょう。

自己複製能のあるＲＮＡ分子の出現だけでは、今日あるような生命は誕生できなかったに違いありません。ＲＮＡの自己複製を正確に効率よく持続させるためには、優れた触媒活性のある多種のタンパク分子の参画が不可欠でした。先述したように、この時代にはアミノ酸は豊富に存在したと考えられるので、ＲＮＡとは独立にペプチドが形成された可能性もあり、それらが反応に参加したことも考えられます。これまで幾度か細胞内の反応系相互間、あるいは個体と器官の間のコミュニケーションの重要性を指摘してきましたが、生命体成立には「RNAによる自己複製系」単独では、その後の生命体に至るシステムは確立できませんでした。それを「支援するタンパク酵素システム」の出現と、両者間の円滑なコミュニケーション（会話）によって初めて持続可能な生命体が生まれたのです。これが生命体系の原点となったと考えられます。

7　生命体の司令塔、DNA遺伝子の成立

〝RNAワールドの生命体〟の中では失敗も多かったでしょうが、徐々に複製の効率化、高度化が進行したと思われます。その中で遺伝子がRNAからDNAへ変換しました。

デオキシリボヌクレオチドは、形成され難いですが安定しています。そこで、RNAのリボヌクレオチド塩基配列の一部がデオキシリボヌクレオチドと塩基対を形成（A - dT、C - dG、G - dC、U - dA）して、RNA・DNAのハイブリッド分子を形成します。RNAが遺伝子として働くために離れても、DNA鎖は硬く二次構造を形成し難いので、一本鎖のままで塩基配列部分が露出する機会が多いです。すると、その部分にリボヌクレオチドの代わりにデオキシリボヌクレオチドが相補的塩基対を形成して二重鎖のDNAとなります。

次に、二重鎖のDNAにRNA合成酵素が接近して、DNAを鋳型としてmRNAを合成し

ます。余分な反応や誤った反応も繰り返されたと考えられますが、やがてDNAは安定に情報を維持し、自己を複製する系を伝えていくことに専念する遺伝子になりました。この役を安定なDNAが担うことはシステム全体にとって有利であったことは容易に考えられます。

しかし、DNAが安定であってもRNAの全てを代替することはできませんでした。tRNAやrRNAのアミノ酸とのかかわりや触媒活性を、硬い構造のDNAが肩代わりすることはできません。そこでrRNAは持続し、必要時にはmRNAやtRNAが出現して以前からの役割を果たすこととなりました。これらの変化はそれを支えるDNAやRNAの合成にかかわる酵素などの変化や改良があってのことでした。

これで今日のDNA‐RNA‐タンパク質のラインにもとづく自己複製系の完成です。最初に出現したRNA単独による、非生物的な自己複製のシステムからタンパク質を引き込み、さらにDNAが主役、RNAが脇役となるシステムに変換したのです。これが今日の生物的な自己複製系が完成し安定に生き残ることへ繋がりました。これは本章の3節で挙げた問い「生命体と遺伝子とはどのような関係にあるのか」に対するこの書での答です。

上述のように、多くの試行錯誤の繰り返しの後に生命体の原型ができました。しかし初期の生命体は、必要な炭素化合物や窒素化合物を、多くのエネルギーを使って自ら合成しなければなりませんでした。そして、これらの有機化合物がある程度蓄積してから初めて、古細菌や細菌が地球上で多彩な活動を始めることができたと考えられています。今日でも地球上の生命体の質量の大部分は、微生物によって占められているのです。

かつてＤＮＡの複製過程の精密な解析によって、短いＲＮＡ鎖（プライマーＲＮＡ）[16]の合成がＤＮＡの複製に先行することが発見された時、あるいは染色体の短縮化を防ぐ機構としてテロメラーゼ[17]とその酵素が内蔵するＲＮＡ分子が発見された時など、ＤＮＡ主体の生物を扱ってきた私たちにとっては驚きであり、むしろ奇異な感じですらありました。しかしながら、ＤＮＡワールドの前にＲＮＡワールドがあったことを認識したうえでこれらの発見を見直すと、今日の細胞の複雑な活動の背後に存在した歴史が垣間見られるような気がするのです。

また、「ＤＮＡエレメント百科事典」（ＥＮＣＯＤＥ）計画の成果などによって、生化学的役割の判明しつつある多くの種類のｎｃＲＮＡ[18]分子が今日の司令塔であるＤＮＡの世界を支えていることも、むしろ当然であると見えてきます。同時に、今日地球上には生命体が満ち溢れていますが、最初の生命体の誕生には非常に複雑な道を乗り越えなければならなかったことを再認識させられるのです。

次章では、古細菌や細菌を土台にして、真核生物がどのように出現したかについて考えることとします。

第三章

核をもつ怪物細胞の出現

1　核をもつ細胞、もたない細胞

地球上に生物が出現したのは、およそ三十六億年前のこととされています。はじめは細菌や**古細菌**(*)など、核をもたない**原核生物**で占められていました。核をもつ細胞の出現には、細菌と古細菌は共に重要な役を果たしたと考えられています。

両者は単細胞で、生き方は共に多彩で、糖、アミノ酸、炭化水素、メタンガスなどあらゆる炭素化合物を利用できるものがいます。また、水素（H_2）、硫化水素（H_2S）、水酸化鉄［$Fe(OH)_2$］など、無機物との反応で得られたエネルギー（ATP）をCO_2固定に利用できるものもいます。初期の地球上は酸素が乏しかったのですが、三十二億年前に出現した光合成細菌、シアノバクテリアにより酸素がどんどん増えたので（図3-1）、原核生物の生活の幅が広がり、発生から約二十億年の間地球上を占拠していました。

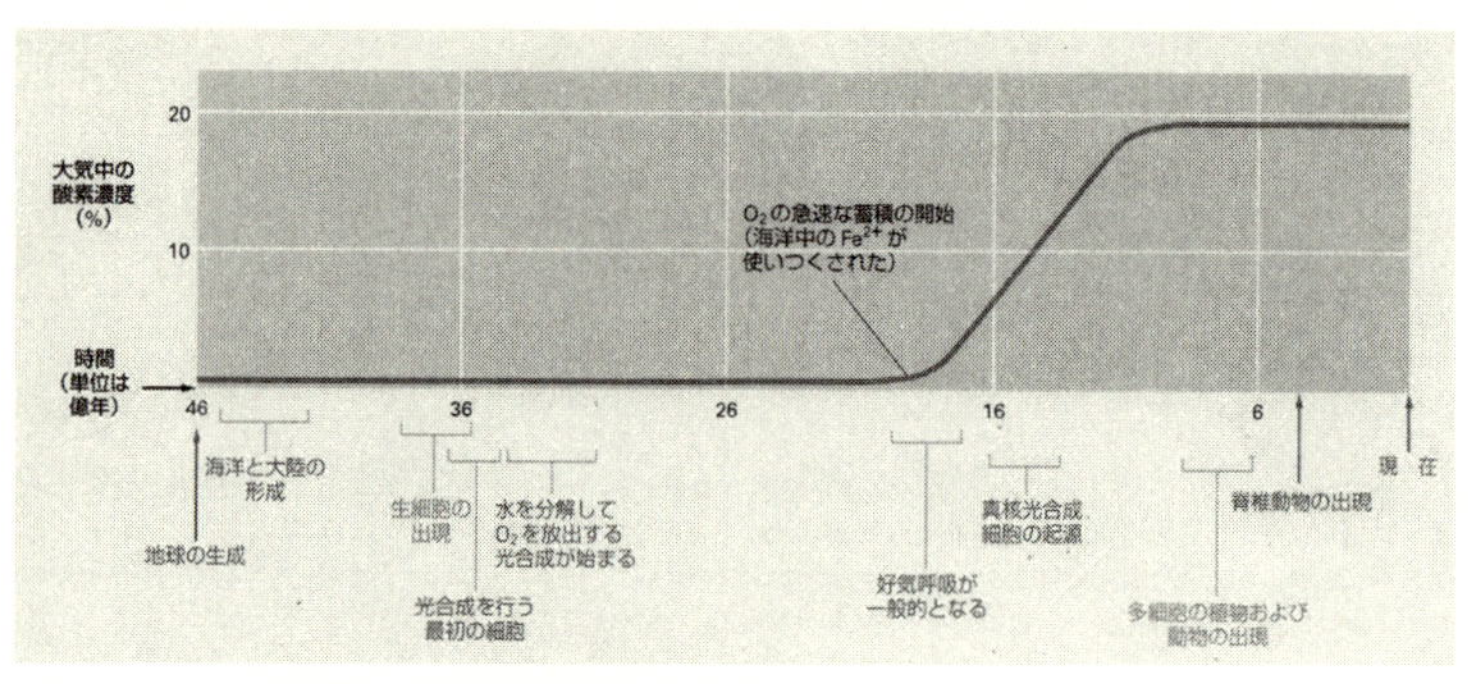

図3-1　光合成細菌の出現と酸素濃度の増加

細胞に核をもった真核細胞が出現したのは十─十五億年前とされています。初めは原始的な海藻の仲間（紅色藻類や褐色藻類）などで、原生動物など初期の動物が出現したのは七─八億年前とされています。また、多細胞動物の最古の胚の化石は五億八千万年前に中国のドウシャントウ化石層から発見されています（図3・2）。原索動物や節足動物などたくさんの動物化石が見つかったカンブリア紀より数千万年前のことです。

真核生物は、その後今日まで数億年かけて徐々に地球上に広がっていきました。多種多様な動植物の進化は非常に興味が湧くところですが、それは他書に譲ることとして、ここでは原核細胞から真核細胞への出現に絞って考察していきましょう。これが生命体発生後最大の異変であったと考えるからです。

今日でも原核生物は地球上至るところに生息しており、地球環境の安定や変化に影響力をもっています。その原核生物の世界に、大きさにして数十から数百倍以上の真核細胞が出現すると、それは小人の国にガリバーが登場した以上に異常な出来事であったに違いありません。核を有する巨大な細胞は、その出現だけでも大きな変化であったうえに、真核細胞はまもなく多細胞生物となってその勢力は陸海空の地球上に広がりました。そして、それまでとは異なった多種多様な生き物たちが華やかな生存競争を展開することとなったのです。

どのようにして真核細胞が出現することになったのでしょうか。いろいろなデータから、真核細胞は原核生物を土台に生じたことはたしかです。もちろん一瞬の変化ではないでしょう。幾重にも重なった複雑な生物現象が絡み合っていたようであり、今日でもその謎が完全に解けているわけではありません。

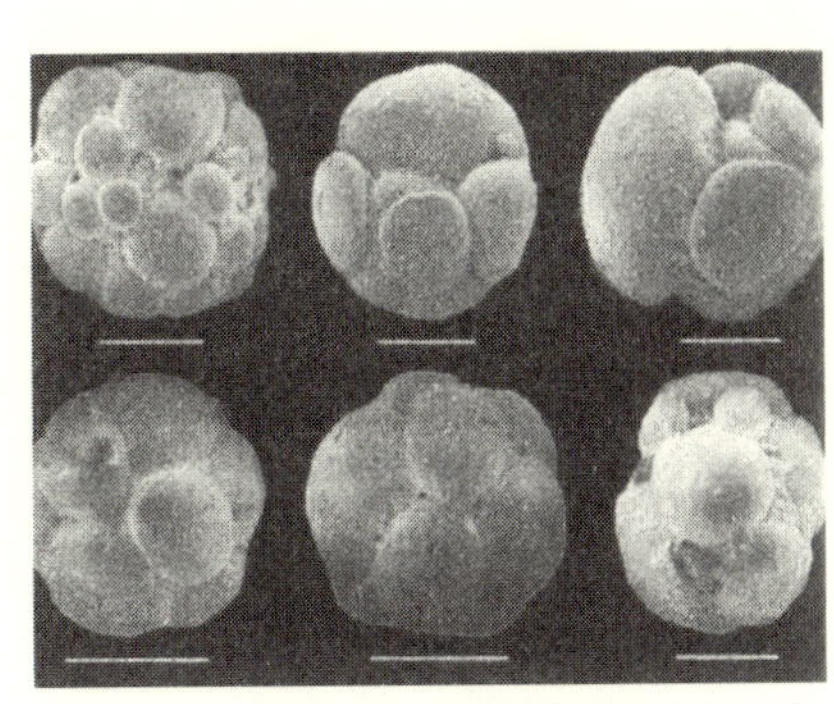

図3-2　先カンブリア紀の動物胚の化石

真核細胞とその長所を知っている現時点の私たちは、その出現を当然のことのように期待してしまいます。しかし状況は違っていたのではないでしょうか。必ずしも豊かではない環境で、有機物質やエネルギー源を吸収してすばやく増える原核生物の生態系の中で、数十ないし数百倍のＤＮＡをもち、増殖速度の遅い真核細胞が生きていく隙間はなかったのではないでしょうか。そう考えると真核細胞は有利であるよりむしろ不利であり、それを乗り越えるにはそれだけの大きな出来事や要因があったに違いないのです。以下に怪物のごとき巨大な真核細胞登場を可能にした道筋を探ってみましょう。まず両者の違いを整理してみることとします。

原核生物では、サークル状のDNAと塩基性タンパク質との複合体の一部が直接細胞膜の内面に結合しています。ゲノムサイズ（半数染色体の遺伝子量）で比較すると、細菌および古細菌類はおよそ5×10^5〜8×10^6塩基対（bp）、遺伝子の数は一〇〇〇—四〇〇〇個です。一方、真核細胞の核膜で包まれたDNA量は小さな酵母で約10^8bp、多くの真核細胞は10^8〜10^{10}bpのDNAで、遺伝子数では酵母が六三〇〇、ヒトが二万二〇〇〇です（真核生物にはヒトより大量の遺伝子をもつものが少なくありません）。また、真核細胞の多くは染色体が長い線状で複数あり、遺伝子ではないDNAの中に遺伝子が散在しています。そのため遺伝子が働き（発現）をするための仕組みは原核生物とは異なっています（図1-8）。真核細胞のDNAは塩基性タンパク分子、ヒストン[19]の塊に巻きついて**ヌクレオソーム**[20]という構造を作り、凝縮しているので、DNAをコピー（転写）する酵素（RNAポリメラーゼII）も近づき難いです。

一方、ヒトのDNAを大腸菌の細胞に入れて働かせる（導入する）と、大腸菌はヒトのタンパク質を合成します。逆に大腸菌のDNAをヒトの細胞に導入するとその働きを示すので、DNAの暗号である塩基の配列のもつ意味の大略は両者に共通しています。したがって真核細胞のDNAは原核細胞のそれと根は同じと考えられます。

DNA量以外の違いは、細胞全体の大きさやその構造にあります。真核細胞の大きさは原核細胞の十倍であるとすると、体積は約千倍ということになります。細胞内には、第一章で述べたように核の他にミトコンドリア（植物の場合は葉緑体も）、小胞体、ゴルジ体など数種の細胞器官（オルガネラ）と古細菌で見つかった細胞骨格があります。これに対して枯草菌、大腸菌、シアノバクテリアなどの大多数の細菌は、何億年経っても原核細胞にとどまり、大きくも複雑にもなっていません。また、原核細胞の遺伝子量には限界量（8×10^6bp）があり、三十六億年来ほぼ同じ大きさを維持しています。

＊　古細菌（アーキアともいう）：古細菌は細菌と大きさや形など外見は似ているが、一九七七年にウース（C. R. Woose）とフォックス（G. E. Fox）が細菌と異なる第三の生物群（ドメイン）であることを主張した。ただしマーギュリス（L. Margulis）が仮説を提出した当時は、古細菌の実体がそれほど正確には知られていなかった。細胞壁を失いやすく食作用を示す性質のある細菌の仲間として候補に挙がった可能性がある。それも彼女のセンスの一つかもしれない。その後ＤＮＡ解析の結果や以下に記す細菌との相違点が次第に明らかになり、今日では第三の生物群が認められている。(a)細胞壁の主成分が糖タンパクである（細菌のそれはペプチドグリカンである）。(b)細胞膜の脂質成分がエーテル脂質のみである（細菌のそれはリン脂質である）。(c)リボソームＲＮＡの塩基配列の相同性が細菌と異なる。(d)遺伝子の中にイントロンがあり、スプライシング機構がある。(e)塩基性タンパク質ヒストンをもつ。(f)古細菌には細胞骨格（微小管、チューブリンの重合体）がある（細菌の鞭毛はフラジェリンの重合体）。

2 真核細胞出現への仮説

真核生物の出現に関する本格的な議論は、一九六〇年代に米国のマーギュリス（L. Marguilis）が「細菌の共生関係説」を提出したことで始まりました。マーギュリスは、後になって古細菌と言われているある種の細菌がシアノバクテリア（光合成細菌）や別種の細菌を飲み込んだことが起源で、飲み込まれた細菌はそれぞれ葉緑体やミトコンドリアとなって共生し、新しい種の誕生に繋がったという仮説を発表しました。巨大な細胞が突然出現したのではなく、異なる特徴をもつ二種の細菌が何らかの理由で結合したことから始まったという説です。

彼女の論文は、二種が共生する仕組みの証拠となる新しい事実を示したわけではなかったので、簡単には受理されませんでした。しかし、彼女の粘り強い主張に加え、当時タンパク合成の中心顆粒、リボソームの分子生物学的解析がある程度進んでいたことが〝共生説〟を後押ししました。すなわちその頃、葉緑体やミトコンドリアには真核細胞本体とは異なる、細菌のリボソームと類似したリボソームが含まれていることが発見されたのです。それでマーギュリスの説は考え方の方向として次第に多くの研究者の支持を得るようになりました。

こうして、ミトコンドリアはおよそ七―八億年前に細菌が別種の細菌と共生（寄生）したという考えが広まりました。その影響でこの問題は、核や大量のＤＮＡのことを棚上げにしたまま〝ミトコンドリアのもとになった細菌〟とその〝宿主となった相手の細菌〟とはどのような細菌であったかに関心が集中することになったのです。

次に、オックスフォードのカヴァリエ＝スミス（T. Cavalier-Smith）が、細胞の構造研究の視点から「細胞壁喪失説」を発表しました。これは何らかの原因で細胞壁（細菌特有の固い外壁構造）を失った細菌が、他の細菌を丸ごと飲み込む「食作用」という利点を発揮し、相手を自分の体の一部分としてしまった、というものです。マーギュリスの説より仕組みについて具体性を伴った説であることや、原核生物の中に細胞骨格をもつものがあるというウース（C. R. Woose）とフォックス（G. E. Fox）の発見が重要な要因となりました。すなわち、細菌が一時的に細胞壁を失っても、細胞骨格が形体をある程度維持でき、したがって少し変形しながら食作用することの可能性を支持したことで、この説は二十世紀末頃には世界の主流の考えとなりました。しかし、カヴァリエ＝スミスが宿主の有力候補として挙げた、発酵細菌の遺伝子の塩基配列と真核生物のそれとの関連性が否定され、カヴァリエ＝スミスの考えは信認を失うようになりました。

一九九八年になってマーチン（W. Martin）とミュラー（M. Mueller）が、宿主となったのは**メタン生成古細菌**であり、ミトコンドリアの元となった共生細胞は水素を発生する水素生成細菌の仲間である、というより具体的な「**水素仮説**」を提案しました。メタン生成古細菌（以後**古細菌**）は現在でも、腐敗しつつある沼底などに生息しメタンガスを発生させている酸素を嫌う嫌気性菌で、周囲の環境から水素と炭酸ガスをエネルギー源と栄養源とする**独立栄養生物**[21]で

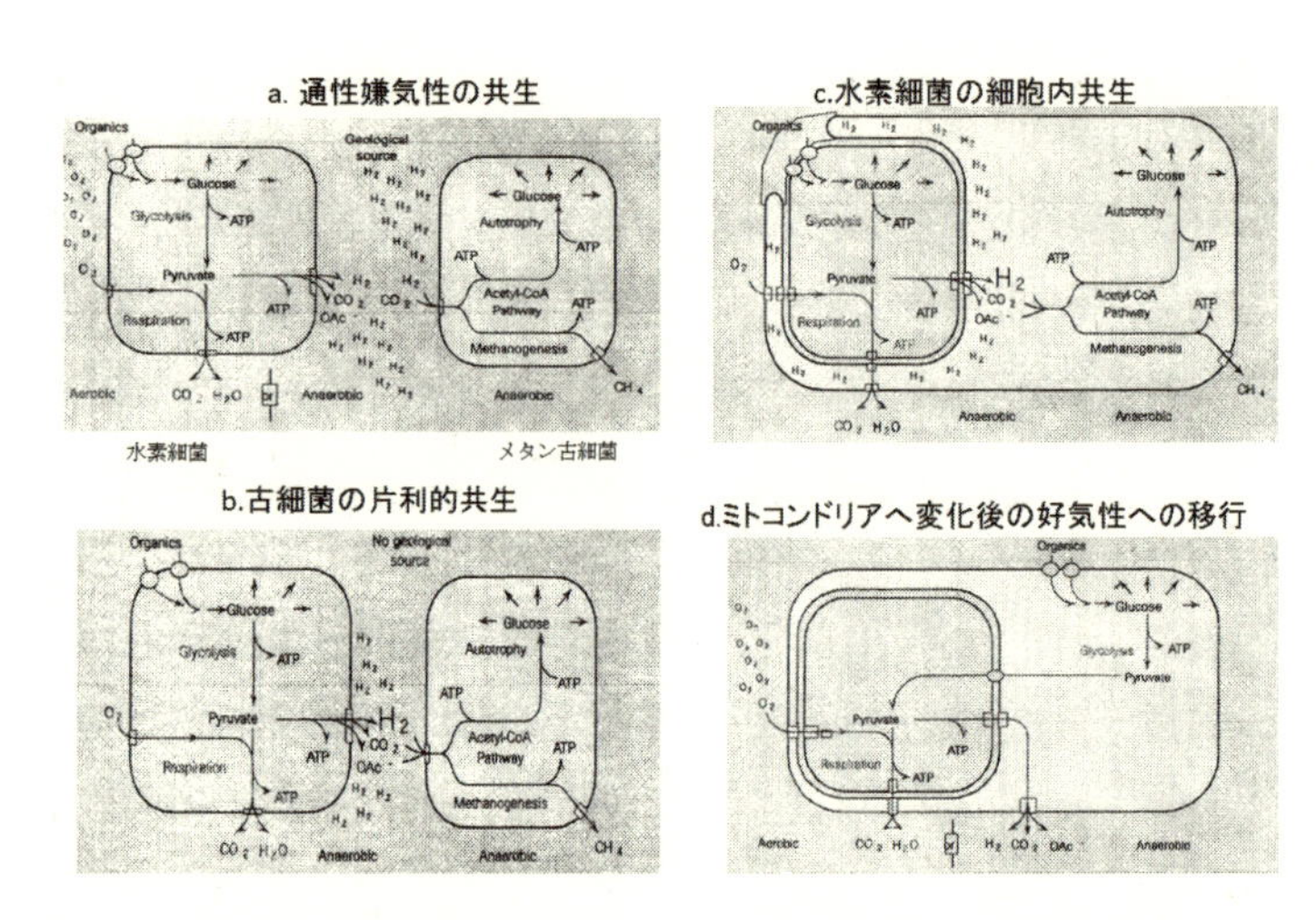

図3-3　水素細菌と古細菌のキメラ状共生から真核細胞への代謝の変遷

す。一方、水素生成細菌（以後**水素細菌**）はα‐プロテオバクテリアの仲間で、近年分類され直された細菌です。有機物質を吸収し水素と炭酸ガスを排出して生活する典型的な**従属栄養生物**[21]であり、嫌気的条件でも好気的条件でも生活できる通性嫌気性細菌です。

ちょうどマーチン等が仮説を提出した頃、海に住む微小な繊毛虫（原生動物）の細胞内に古細菌と水素細菌の二種が寄り添って寄生している事実が観察されました。この発見がマーチンとミュラーの「水素仮説」を大きく後押しする結果となりました。水素細菌は繊毛虫の細胞内で宿主細胞の有機物質を吸収・代謝して水素と炭酸ガスを発生し、古細菌に与えます。古細菌はそれに依存して共に寄生生活をすることができます。マーチンとミュラーはこれこそが初期真核生物発生の際に起こった現象に違いないと考えました。しかし互いに独立に生活してきた細菌が共生から寄生関係、さらに一方が他方の細胞器官になってしまうことは容易なことではありません。

両者が遭遇したのは水素や炭酸ガス濃度の高い海底火口か海底温泉の近くで、嫌気的で有機物質の豊富な場所であったに違いありません。水素や炭酸ガスが豊富であれば古細菌に適しており、有機物質が豊富であれば水素細菌にも適しています。少数の菌体同士では接触の機会が少ないので、相当密集して住み着いていたと考えられます。両者の数百万以上の菌体が塊になって相互作用をした状況を想像しなければなりません。

3　嫌気性の古細菌がミトコンドリアをもつ細胞へ

マーチンらは二種が共生に至る道筋を次の四段階で説明しました（図3-3）。それによると両者は最初接触し、**通性嫌気性の共生**（図3-3a）関係に入ります。

次の段階では、古細菌は水素細菌からの水素と炭酸ガスの供給に片利的に依存（**片利的共生**）すると、外部から水素と炭酸ガスの供給を必要としなくなります（図3-3b）。その分水素細菌への依存度が増します。さらに古細菌は、細胞壁を部分的に失いつつ水素細菌に密着すると、水素細菌は嫌気的代謝が強くなります。

第三段階では、古細菌が水素細菌への依存度を一層強め、細菌を細胞内に丸ごと取り込んだ細胞内共生関係へ進みます（図３‐3c）。これは重要な段階で、次に水素細菌は自分の遺伝子の大部分を宿主に吸収され、[22] 独立性を失います。古細菌は水素細菌の遺伝子を利用して有機物質を細胞外から吸収する輸送システムを自分で作るようになります（図３‐3d）。水素細菌は宿主の細胞内器官として代謝産物、ピルビン酸などを吸収してＡＴＰを供給するミトコンドリアの役割を演じるようになります。

古細菌と水素細菌との共生生活は通性嫌気的環境で開始されました。古細菌が酸素の存在を嫌ったのはそこでは生きることができないからですが、共生者から受容体や運搬体、代謝の遺伝子などを獲得し、有機物質（生活物資やエネルギー源）を十分に得ることができるようになると嫌気的である必要がなくなってしまいます。そして地球上に増えた酸素濃度（図３‐１）に順応したエネルギー獲得系をもつようになったことは生存競争の理にも適っています。この間、水素細菌が比較的嫌気的な条件（片利的共生から細胞内共生の時代）にもかかわらず好気的代謝の酵素系を失わなかったことが、好気的ミトコンドリアに変身できたチャンスであったとも考えられます。

その後十億年ほど経た私たちのミトコンドリアは、細胞内で自身の増殖用のタンパク質合成用遺伝子を一部保持するなど、破綻することなく細胞内で半独立的に生活しています。

細菌の世界には生存競争のための増殖競争があります。競争に勝つためにはＤＮＡを一定限度内に保ち、その複製に要するエネルギーと時間を抑える必要があります。その限界はゲノムサイズで8×10^6塩基対（bp）とも言われています。融合細胞は、後述のように細菌型増殖競争の限度を超えて生き延びる仕組みを獲得したことが存続につながったと考えられていますが、真実はどうだったのでしょうか。

二十世紀末から二十一世紀初頭にかけて、リベラ（M. C. Rivera）とレイク（J. A. Lake）はいろいろな生物の遺伝子群を関連するグループに分けて、その塩基配列の詳細な比較検討をおこないました。それを真核生物と古細菌や水素細菌に適用すると、古細菌のもつ「DNAの複製や細胞全体の複製にかかわる遺伝子群の構造」が、現在の真核生物のものとよく類似していました。これは、**古細菌が真核生物のもとになったのであろう**というマーチン等の考えを支持しました。

また、真核生物のミトコンドリアに残されている遺伝子のうち、「エネルギー獲得やアミノ酸・脂質などの物質代謝にかかわる遺伝子群の構造」は、現存の水素細菌のものとよく似ていることも解りました。これは**ミトコンドリアの起源は水素細菌**である可能性を強く示唆しています。このようにリベラとレイク等による遺伝子解析結果はマーチン等の「水素仮説」を後押ししました。

DNA解析の結果にもとづく結論を認めるとして、細菌の単純な袋状構造と図1-4aに示されたミトコンドリアの内部の構造は明らかに異なっています。この点については両細菌の共生の後でエネルギー稼ぎに特化したミトコンドリアのうち、効率の高いものが選択的に生き残ってきた結果と考えられます。

4　真核細胞出現の物語はここから

水素細菌を飲み込んだ融合細胞は、まだ核をもっていませんが、両者の利点を併せもってい て生き続けたということでしょう。しかし、真核細胞ができなければ今日の私たちには繋がり ません。共生後いったいどのような変化が起こったのでしょうか。

起こった変化の順序は不明ですが、原因の第一は遺伝子の増量によるものでしょう。マーチ ン等の考えに沿うと、融合直後、古細菌は自分の遺伝子に水素細菌の遺伝子を吸収し同化しま した。しかしそれは単純な足し算ではなかったようです。

一例として細胞膜の主要な構成成分、リン脂質の合成に関連する遺伝子を考えてみましょう。 古細菌の細胞膜は、前記のようにエーテル脂質を主成分としていましたが、融合後リン脂質合 成の遺伝子を水素細菌から吸収して、リン脂質を主成分とする細胞膜の合成に転換しました。 そこでエーテル脂質合成は減少しました。さらに融合後、細胞の大きさが倍以上になっている ことを考えると、リン脂質の合成量は倍以上に増加しました。増加した脂質の代謝を支え細胞 が生きていくうえで必要不可欠な有機物質の合成や輸送、あるいは関連する遺伝子を十分に備 える必要があったと考えられます。そのためのより多くの遺伝子を獲得したか、活性化したものが生き残ったのです。

また、古細菌にとって自分の遺伝子と他人の遺伝子を抱えた細胞内反応系は、当初は十分に調整されたものではなかった可能性もあります。遺伝子量や発現の調整には、古細菌がもっていたRNAを編集するスプライシング機構が大いに活躍した可能性も考えられますが、いずれにしても遺伝子量や発現にアンバランスが生じました。その結果、膜成分が細胞内でかえって過剰となり、徐々に遺伝子の周囲に蓄積し、後にそれが核膜や小胞体などの内膜系に成長したと考えられます。

しかし、遺伝子量の増えた古細菌は、限界ゲノムサイズを超えて増殖速度が衰え、大部分のものは細菌としての増殖生活から脱落したとも考えられます。その苦境を乗り切ったのは、他でもない今日の真核細胞の祖先であろうと推察されます。

5　核膜形成にかかわる諸問題

真核細胞が生まれるためには核が形成されなければなりません。核膜が形成されると染色体が細胞膜から隔てられることになります。そのことは細菌時代のDNAの複製と細胞分裂の密接な連携に亀裂を生じさせます。すなわち細菌類では、DNAの一部が細胞膜に結合し、その複製の終了が次のDNA複製ラウンド開始にも繋がっているのです。しかも細胞分裂が同時に進行しても問題は起きない仕組みになっています。

一方、真核細胞の分裂では、染色体の複製が終了すると、染色体は分裂のための構造変化（凝縮）をして赤道面に整列します。同じ頃、核膜の成分はリン酸化を受けて分散し、微小管と中心体[23]とが紡錘体を形成して、その紡錘糸が核膜の束縛から自由になった染色体の特定部（動原体）に結合し、それを両極へ移動させます。その後、ホスファターゼの作用でリン酸エステルが外れ、染色体の凝集がほぐれ、同時に核膜が再形成されて細胞分裂へと進むのです。

この両者の分裂過程には、あまりにも大きな隔たりがあります。真核細胞の複雑な行程が最初から成立したと考えることは困難です。まず「無から有が生じることは難しい」と考えます。そこで以下の二つの可能性が浮上してきます。すなわち古細菌において、染色体と紡錘糸との間に細胞周期を通して密接な関係があったのではないだろうか、あるいは、染色体の結合していた古細菌の内膜部分が核膜に取り込まれ、核膜の一部分になったのではないだろうか、ということです。その移行過程で具体的にどのような変化が起こったのでしょうか。これらのうち幸運にも核分裂と細胞分裂に成功したものの子孫が、真核細胞として今日に繋がっているのでしょう。染色体の複製開始点と核膜の関係や、紡錘糸と染色体の接着点（セントロメア）に関する研究が進んで、より確実なことが明らかになることが期待されます。

今日、真核細胞の核分裂、細胞分裂は、生物種により異なるところがあり、核膜が消失せずに紡錘糸が核膜を貫通する形で核分裂が進行するものもあります。植物の分裂のように娘核の間に仕切りが形成されるものもあります。いずれにしても初期の核分裂は、細胞骨格をもっていた古細菌が紡錘体の原型（微小管）を利用して、核膜の存在下で染色体分配を成し遂げた可能性もあります。結果として複製済みの染色体に、紡錘糸がもれなく、しかも適切な時期に結合し、核分裂の成功に導いたのではないでしょうか。

もし分裂に失敗すると、染色体の量は不規則に増加し、近四倍体の細胞が形成されます。次も失敗すると近八倍体の細胞になります。不平等な分裂によって遺伝子量にアンバランスが生じる可能性もあります。今日の真核細胞の遺伝子量と細菌類のそれとを比較すると、数十倍以上の隔たりがあります。したがって核を形成しつつあった細胞がそのまま生存し続けることは困難であったと考えたほうがよいでしょう。その多くの失敗の陰で幸運にも分裂の仕組みを獲得した細胞が分裂をして、細々と、しかし周囲の有機物を栄養分にしてしぶとく生き続けたのです。その中で細胞内の種々の合成反応と細胞分裂の協調に成功したものが、今日に繋がる真核細胞の位置を徐々に確立していったのではないでしょうか。

核膜など内膜形成の謎以外にも真核細胞出現に合わせて起こった変化は他にもありますが、リボソームの変化もそのうちの一つです。ミトコンドリアや葉緑体のリボソームが細菌のそれに類似しているのに対し、真核細胞のリボソームはみな大きいです。ｒＲＮＡの塩基配列は古細菌に類似しているといいますが、同じではありません。このリボソームがどのように変化してできてきたのか、詳細は不明です。上記の核膜の場合と同様に、限界ゲノムサイズで繁栄する細菌、古細菌の陰で密かに生きている間に獲得した大型のリボソームなのではないでしょうか。

6　細胞分裂の失敗が生命の質を変えた

真核細胞出現の第二の原因は、一定頻度で生じる遺伝子の変異です。上の説明でも苦し紛れとも取れる可能性を記しましたが、遺伝子変異には蓋然性があります。

数倍体に増えた遺伝子のうち片方が変異するという事態は、十分に起こり得ます。変異の常として、多くの異常は表面には現れませんが、稀に少し変わった機能を発揮する遺伝子が生じた場合、それが細胞の機能を変えることがあります。例えばある酵素が、基質の種類によって相性の良し悪しが生じることがあります。その結果、（多くの事例と長い時間の後ですが）今日私たちのもつ多くの遺伝子のようなレパートリーの増大に繋がります。

これまで述べた一例として、多種類のキナーゼ（リン酸化酵素）群があります。**シグナル伝達経路**[24]上のキナーゼは、少しずつ違った性質をもち、いろいろ異なった酵素や基質分子の活性を修飾しています。これらは遺伝子の類似性から、元は同一物であったと考えられています。

また、第一章で述べた複数のサイクリン依存性キナーゼ（ＣＤＫ）は、細胞周期の各期それぞれの進行に不可欠であり、核分裂の仕組みを整えるための重要な要素となっています。分裂時に核膜を残す出芽酵母では一種で賄えたCDKが、多細胞生物では細胞周期の各期で異なるキナーゼが特化した機能を発揮して、各期のより正確な進行に寄与しています。

遺伝子の重複は、さらに細胞内膜系の発達と精密化への貢献もしました。先述した小胞体には、タンパク質合成をするリボソームをその上に吸着したものが生じました。さらにタンパク質の修飾反応の盛んなゴルジ体や、分泌小胞など多種の小胞も形成されました。膜構造体（オルガネラ）は、やがて単純な膜ではなくいろいろな分子を包み込み、シグナルに応答できる分子を配置しつつ細胞内外への輸送にも積極的に働くようになっていきました。

巨大で複雑で精巧になった細胞で、遺伝子の指令による自己複製の実現を徹底するためには、反応の連携や調節が重要となります。シグナル伝達経路の登場がそれです。これこそ細胞内分子間の会話、コミュニケーションであり、多細胞生物では細胞間、組織間のコミュニケーションへ発展していきます。

遺伝子の倍数化は、このように複雑で精妙な機能に結びついていきました。このような倍数化、変異、機能拡大などの変化は多くの遺伝子で幾度も起こったと考えられています。遺伝子の重複は、はじめは細胞の性質の多様化をもたらす素地となり、次には多細胞生物出現の可能性の素地を孕んで長年の間に生命体の多様性、生命の質の変化に貢献したと考えられるのです。

次章では、多細胞生物の展開を見てみましょう。

第四章

動物の世代交代

1　多細胞生物の複製

核をもつが単細胞で生活するアメーバ（動物）やユウーグレナ（ミドリムシ、植物）などは、成長し分裂することが即複製となっています。アメーバやユウーグレナは染色体が一組の一倍体であり、それが複製して分裂します。この世代交代の間に遺伝子の組み換えの入り込む機会はありません。

他方、多細胞動物の複製では卵と精子とが受精してできた**二倍体**の受精卵(*)が分裂を重ねて多様な細胞を生み出し、成熟し、次の生殖細胞を作り出して世代交代をします。生殖細胞を作る際に減数分裂によって**一倍体**の**生殖細胞**（精子と卵子）が用意され、受精で二倍体に戻ります。この際に遺伝子の組み合わせに変化が起こります。二倍体のまま生殖細胞が形成されて、個体から生殖細胞が分離して次の世代につながることも可能であったのかも知れませんが、そのような動物は残っていません。

それでは今日の動物はどのようにして生き残ったのでしょうか。秘密の鍵を握っている生殖質や初期発生に働く遺伝子が少しずつ明らかにされてきました。

解ってきたことは、動物の卵は受精して分裂を開始するとすぐに**生殖質**を含む**始原生殖細胞**と、それを含まない**体細胞**とに区別されます。始原生殖細胞は少し数が増えた状態で一定期間休止状態に入ります。その間、体細胞のほうは分裂増殖を重ねていろいろな器官に分化しながら、胚は成長します。やがて始原生殖細胞の存在する体の末端部からかなり離れた中心部に生殖器官ができると、始原生殖細胞は眠りから覚めて、長旅の後に生殖器官へ移動します。その後、生殖細胞は成熟して、それまで休止していた細胞内の特別な成分が活性化して**減数分裂**(25)をします。減数分裂では第一分裂で複製された二価染色体が対合し、相同染色体が分離します。第二分裂で二価染色体が分離し、一価の染色体をもつ生殖細胞ができます。そして前記のように生殖細胞同士が受精して、二倍体の動物ができます。

振り返ると、二倍体の動物が世代を重ねるためには一倍体の生殖細胞を作り、それが受精することが肝心だったと考えられます。なお第一分裂では、相同染色体間で交差により遺伝子の組み換えが起こります。また、染色体や核膜と紡錘体との関係が通常よりも込み入っています。したがって、減数分裂の仕組みを整えた動物のみが初めて二倍体への移行に成功できたのではないかと考えられます。なお世代交代の時に精子と卵子とが受精することは遺伝子の編成変えを導入するので、結果として生物の進化へ対応する可能性を孕んだと考えられます。

2　生殖細胞、卵子と精子

図4-1、図4-2にヒトの精子と卵子の成熟と受精過程を示しました。

精子の先端は尖った形で**先体**（**尖体**）といい、すぐ後ろに一倍体の核、ミトコンドリア、鞭毛が連なっています。先体は分化する前に核の側にあったゴルジ体（第二章参照）の変化したもので、多種の酵素を含んでいて、受精の際、卵子との初期反応で重要な働きをします。精子は、分化・成熟そして受精の過程で、ほとんど全ての細胞質を脱ぎ捨てて、一倍体の核だけが卵細胞に入ります。卵子は、それとは対照的に普通の細胞以上にたくさんの物質を積極的に合成、または周囲の細胞から供給されます。そのため鳥や爬虫類の卵ほどではありませんが、直径〇・一ミリのヒトの卵でも、卵黄を含め将来の胚を創るための原料や胚の初期発生に必要な材料を含んでいます。

＊　受精卵：受精卵は卵と精子とによる融合細胞である。動物細胞が互いに融合することは通常は起こらないので受精は非常に特殊な出来事である。精子が近づくと卵が誘引物質を分泌して両者の接触が助長される。そして双方が保持している複数の特殊な成分が反応し合い精子の核だけが卵細胞に取り込まれる。同時に卵細胞の表面膜は特殊な成分で補強される。これにより続いて到達した精子は卵細胞と反応することができない（多精受精の阻止）。

その中でとくに重要なのは、遺伝子の情報を実現するための物質、リボソームRNA、tRNA、初期発生に必須のmRNA、初期の遺伝子の転写を調節する因子などです。

3 動物は共通の道を通って胚発生する

次に、動物の胚発生の概略を見ておくことにしましょう。図4-3は、アフリカツメガエルの胚発生過程を示しています。カエルやイモリなど両生類の卵はその大きさの割には発生過程の進行が比較的速く、中でもアフリカツメガエルは、英国のガードン（J. B. Gurdon）（後出）等によって二十世紀中頃から使用され始めた観察しやすい好個の実験材料で、世界中でよく使用されています。また、カエルの胚発生過程は、不思議なことにハエ、メダカ、ネズミも含めた多くの動物種のそれと共通している部分が多いのです。

アフリカツメガエルの卵の大きさは直径三ミリほどで、上半分は褐色の色素顆粒が分布していて、その頂点を**動物極**といい、下半分は薄いベージュ色で、その頂点を**植物極**といいます。精子は普通、動物半球から侵入します。受精後一時間半の間に細胞質の再配置、DNAの複製、卵核と精核の融合および第一回の卵割（卵の分裂）が終了します。一回目と二回目の卵割は動物極から植物極への縦割り等分裂ですが、第三回目の卵割は水平方向の分裂となり、上下の細胞質成分に明瞭な差異があるため細胞の性質に違いが生じます。その後DNAの複製と卵割は

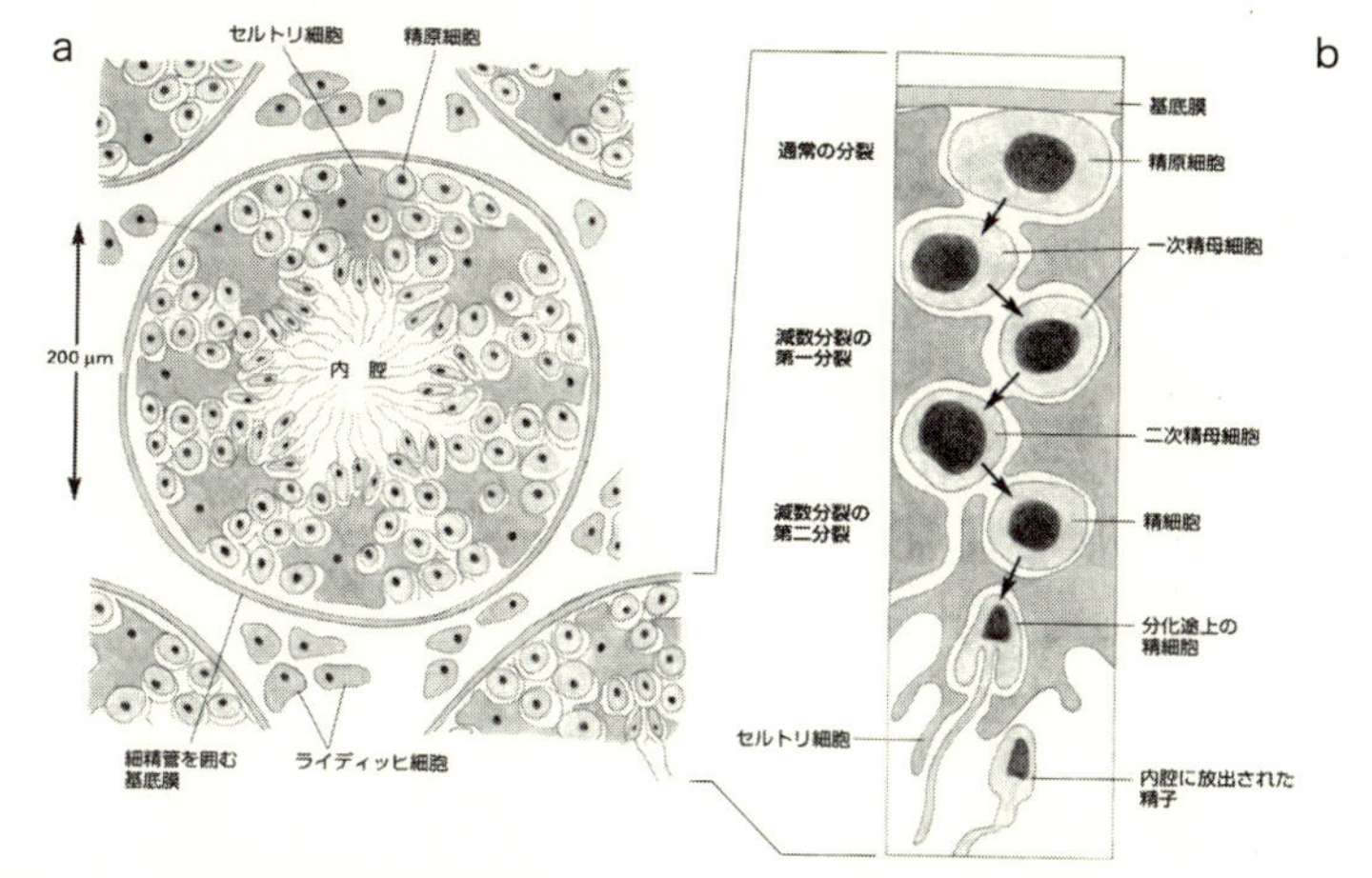

図4-1　哺乳動物の精子の形成

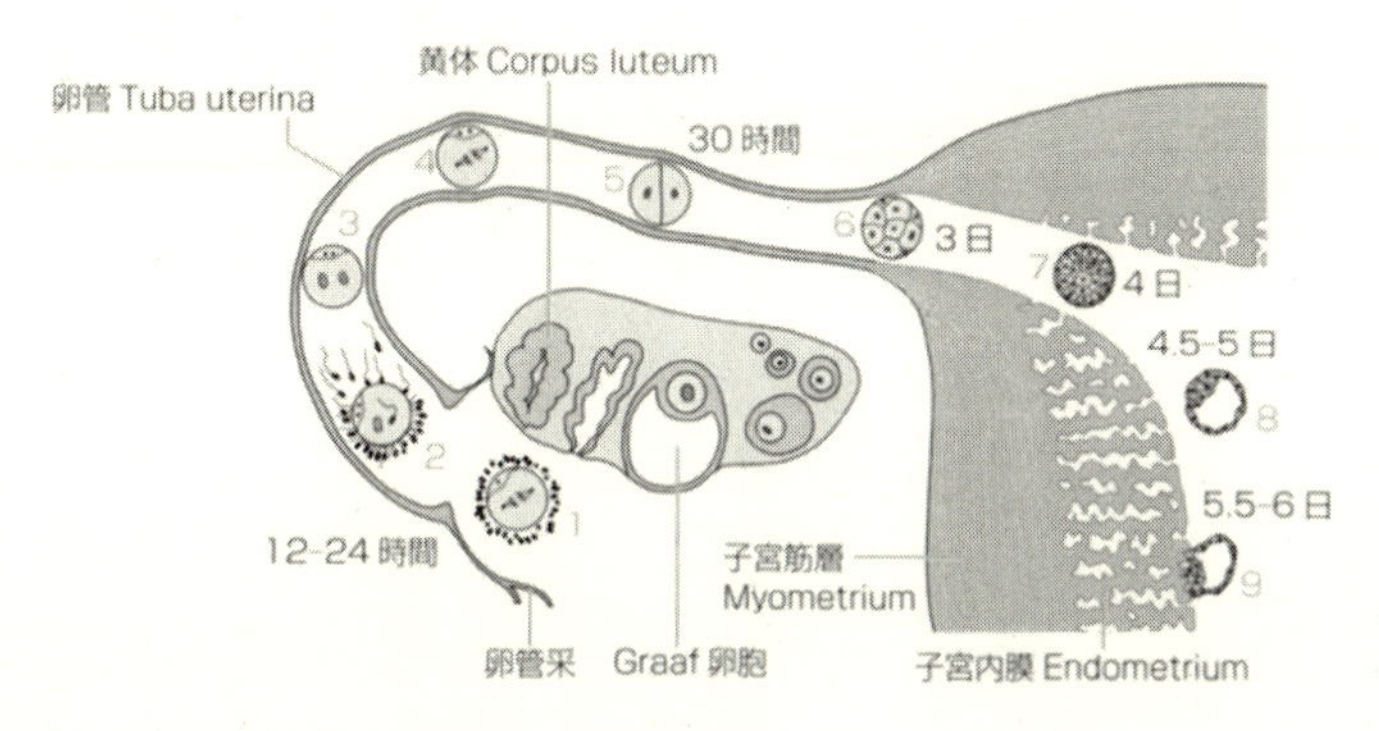

図4-2　ヒトの母体内での受精と初期胚の形成

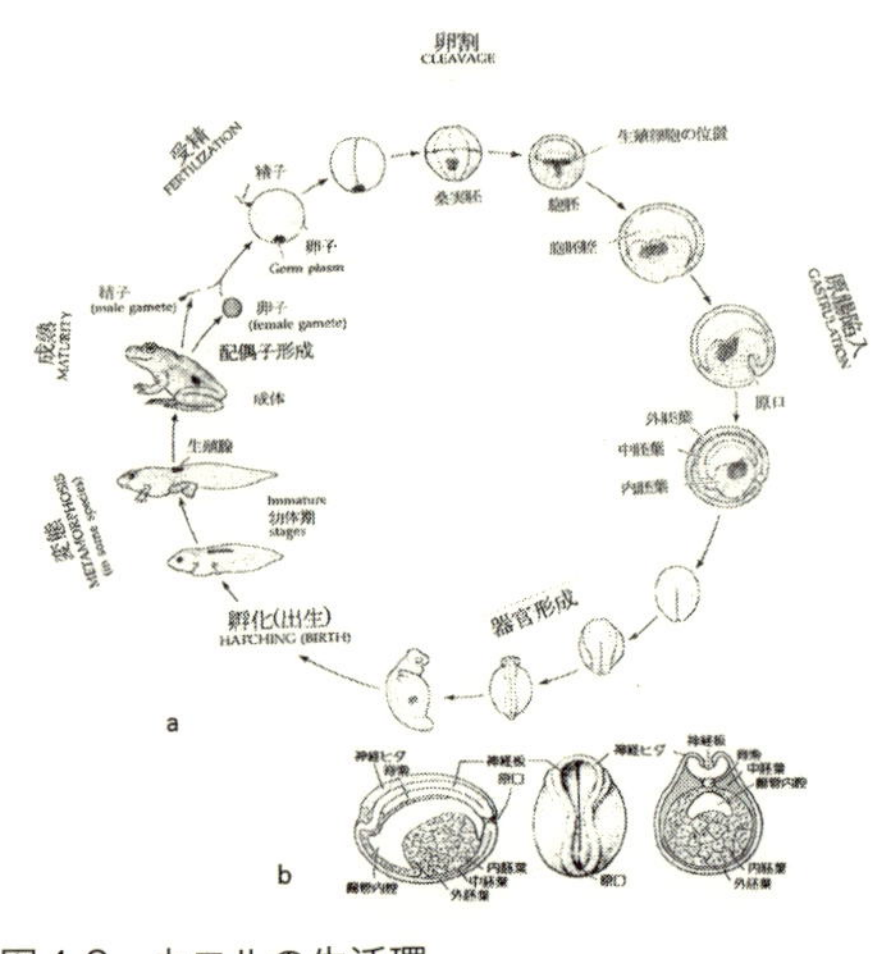

図4-3　カエルの生活環

約三十分毎に六—七時間続き、胚は約一万個の細胞（割球）で構成されます。この段階の胚を**胞胚**といい、外観は受精卵とほぼ同じ大きさの球状で、内部に半球状の液の満ちた胞胚腔ができます。

繰り返しになりますが、細胞が増える時には、その前にDNAの複製が完了し、両核に分配されるので、全ての細胞に同じ遺伝子のセットが行き渡っています。胞胚の時期までは、母体が卵に蓄えたmRNAは翻訳され、タンパク質が合成されますが、受精核の遺伝子がmRNAに転写されることはありません。すなわち、ここまでは受精核由来の遺伝情報は胚の形成に影響を与えないのです。全て卵細胞にあらかじめ蓄えられた前世代の成分が取り仕切ります。

ところが、胞胚中期以後は一変して多くの細胞で、それぞれが占める位置に応じていろいろな遺伝子が転写され、新mRNAによるタンパク質が合成され活躍し始めるのです。このようにして胚細胞の部位による特殊化（分化）が始まります。これを**胞胚中期の転換点**といいます。

胚発生は**胞胚**（図4-3aの一時方向）以後、（原口陥入で始まる）**原腸胚**、（神経管ができる）**神経胚**（図中五・五時方向）、**孵化**（図中七時方向）、**変態**と続きます。

そのうち**原腸陥入**は、胚の形態形成の初期に見られる重要な現象なので少し詳しく述べたいと思います。胞胚の下方四分の一の部分からソフトテニスのボールを内側へ親指で押すような具合に胞胚の表層の細胞が数層内側上部へ折り込まれ、原腸胚形成に至ります（図4-4a。実際は外力によるのではなく、分化しつつある細胞が周囲の細胞と連動しながら能動的に形を変えながら移動します）。陥入が開始する部分を**原口**といい、原口周辺の細胞集団では他とは異なった遺伝子が働き始めます。

原口の植物極側の細胞内でBMP4[26]という遺伝子の転写とそのmRNAの翻訳によりBMP4タンパク質が合成されます。BMP4タンパク質は分泌されて周囲の細胞を腹部の細胞へと分化誘導します。それでBMP4タンパク質のように他の細胞に働き分化を誘導する物質をモルフォゲン[27]と

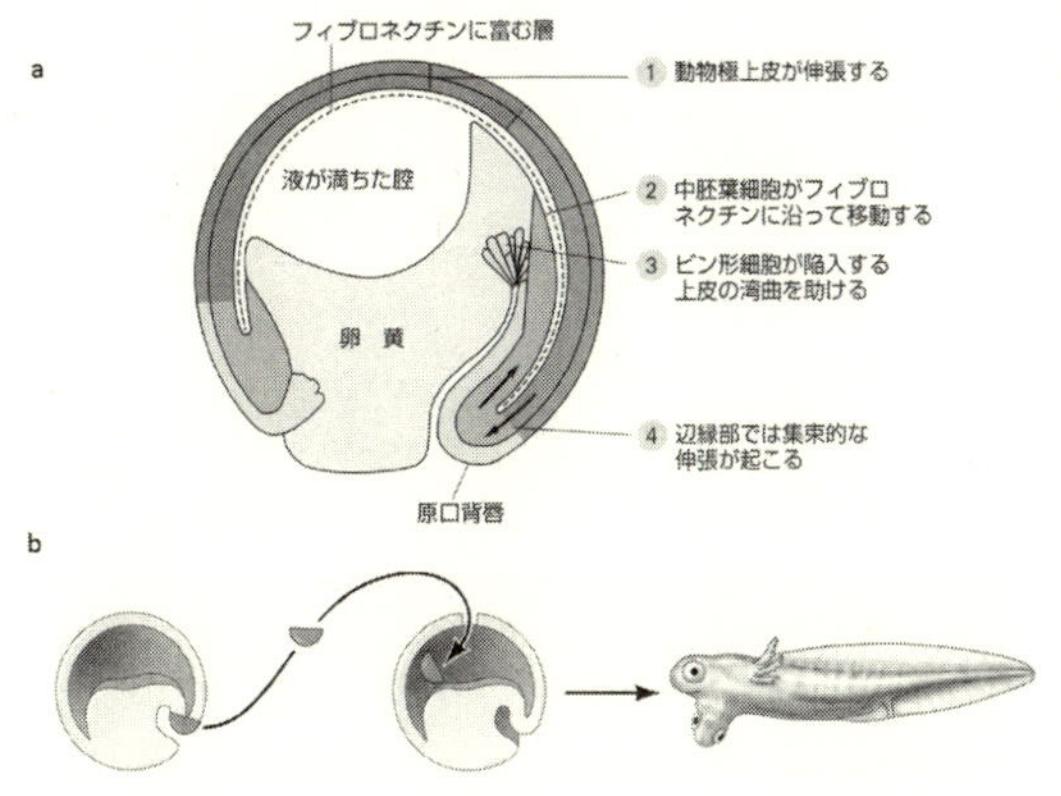

図4-4 原腸陥入とオーガナイザーによる二次胚の形成

いいます。ＢＭＰ４タンパク質は上方の**原口背唇**の細胞にも浸透し、その影響で原口背唇細胞にはコージン（Chordin）、ノギン（noggin）とフォリスタチン（follistatin）の三種の遺伝子の発現が誘導されます。

この三種のタンパク分子も分泌性ですが、ＢＭＰ４タンパク質の作用に拮抗する作用を発揮します。結果的にはこの背側部分の細胞は腹部ではなく中胚葉性の原口背唇細胞として原腸胚形成を先導する役割をするようになります（図４‐４a）。またこの部位には初期胚の様々な細胞の運命決定にかかわる転写調節因子であるSox遺伝子[28]（後出）も発現します。この原口背唇部を切り出し、他の胚の異なる部位に移植すると、移植先の細胞も巻き込んで新規の胚（二次胚）を形成することができます（図４‐４b）。それでこの時期の原口背唇部を発見者の名に因んでシュペーマン（H. Spemann）の**形成体**[29]と呼びます。

胚の陥入した細胞のうち表層を裏打ちする細胞層を**中胚葉**といい、やがて脊索（脊柱の軟骨細胞）や体節（筋細胞）に分化します。内側の植物半球側の層を**内胚葉**といい、腸管や肝などの消化器官を形成します。胚の表層を形成する細胞層は**外胚葉**といい、表皮や神経組織（後述）となります。このように、胚の細胞は内外からのシグナルによって次の遺伝子が働き始めて特有の組織に分化します。モルフォゲンや分化誘導因子を情報の発信と捉えると、周囲の細胞はそれを受信して分化を開始するので、胚発生はこの部位に限らずあらゆるところで細胞間の活発な情報の発信と受信、コミュニケーションによって進行すると見ることができます。

振り返ってみると、初期の受精卵は親の指示に従って静かに卵割を重ねます。原腸陥入の頃から、中心となる細胞から静かだがしっかりした伝令が発せられるようになり、近隣の細胞同士が形を変えながら移動するなど相互の連絡や動きが活発になります。内中外の三葉構造を取る頃からまるで複数の指令がテーマを演奏するように流れ、やがて胚全体は賑やかな、しかし一矢乱れぬシンフォニーを演奏する交響楽団のように、成体の構築に向かって進んでいくように見えるのです。このことは第三章の末尾で述べた「染色体の倍数化などによる遺伝子量の増大は生命体の多様性、生命の質の変化をもたらした」ことを意味していると考えられます。

原腸胚の背側の神経板は、後に管状に閉じて**神経管**となります（神経胚、図4‐3b）。この期の胚の形は球状から頭尾の方向へ延びてきます。神経管は頭部で袋状に広がり脳が形作られ、尾部の方向に次第に細くなります。この時期に神経管およびその周辺で種々の遺伝子が発現し、神経細胞の分化が始まります（後述）。カエルの発生過程の図4‐3aの六時方向の図で尻尾の括れ、および頭部の括れにそれぞれ足と手の原基（**肢芽**）が出現します。外見のみではなく胚の内部でもいろいろな組織、器官が形成され、それも含めてこの時期を**器官形成期**といいます。この後順調に進行すると約二十四時間で胚は孵化し、オタマジャクシとなり数日後に変態してカエルとなります。

一般に哺乳動物の卵細胞は小さく、また胚発生の大部分を母体内で過ごすので、他の動物と異なっているように見られがちです。しかし、ヒトの場合図4‐2のように進行し、三日目の十六細胞期（桑実胚）になって子宮の入り口に到達します。卵割を繰り返し、カエルの胞胚期に相当する胚盤胞を経て、六日目に着床します。妊娠八週後に絨毛膜腔が閉じ、各器官原基ができて胎児期に入ります。この時期に胎盤母体部と胎児絨毛膜による胎盤が形成されます。胎盤を介して酸素、栄養分などが胎児に送られ、老廃物は母体の血液に吸収されます。この時期の母体内での胚の形態形成はカエルなど他の動物と大筋では変わらない順序で進行します。このことは私たち動物の発生過程には同じ起源をもつ遺伝子が各組織で隈なく働いていることを示唆しています（後述）。そして内胚葉から肺、肝臓、消化管が、中胚葉から心臓、血管、筋肉、骨、腎臓が、外胚葉から表皮、神経などができてくるのです。

以上のように、各器官のできるそれぞれの道筋とそこで働く因子や遺伝子の大筋は明らかになってきました。ここで注意すべきことは、多くの反応が至る所で複雑に錯綜する中で、たった一つの受精卵から数十億の細胞が生まれ、それらから精巧な個体が完成すること、しかもかなりの曖昧さを含みながらきちんと機能する個体ができることでしょう。それを操っているのは何でしょうか。

4　ホメオティック（ホメオ）遺伝子の発見

上にも少し述べましたが、発生が進むにつれて遺伝子が適材適所で発現し始めることが今日ではよく知られていますし、むしろ当然のことと認識されています。しかし一九六〇年代までは、発生を研究する分野は実験形態学が主流でした。現象の記述や移植実験で得た標本（パラフィン切片）の観察などが主で、実体に迫ることは困難でした。

一九七〇年代後半から、世界中の研究者が分子生物学の研究対象を大腸菌やウィルスから高等生物に移し、あるいは多くの発生生物学の研究者たちが分子生物学的手法を取り入れて、いろいろな現象の裏で作用している遺伝子やタンパク質を探り、塩基配列の決定や分子の働きの解析を競うようになりました。

その頃の大きな出来事の一つは、ヒトの**膀胱がんの原因遺伝子**の一つが初めて明らかにされたことでした。一九八〇年代前半のことで、研究者ばかりでなく世間の多くの人々が驚き、遺伝子が身近なものに感じられるようになりました。それからまもなく、**ホメオティック（ホメオ）遺伝子**[30]という、一般には馴染みの薄い、しかしショウジョウバエの研究者にはなじみ深い遺伝子の塩基配列が明らかにされました。

ショウジョウバエは二十世紀初期から実験動物として利用されてきました。ハエの受精卵は速やかな核分裂を繰り返し、胞胚期には約六〇〇〇個の細胞で構成されます。そのころ胚の最後部に十六個の**極細胞**という**生殖細胞**のもととなる細胞が識別されます。ハエの遺伝子は約一万四〇〇〇で、重複がほとんどないことが特徴で、そのためか変異体が多く、遺伝分野の良い研究材料とされてきました。

その中でも**ホメオティック変異**（**異所性変異**）という一群の変異が関心を集めていました。ホメオティック変異とは、正常な組織が本来とは異なる位置に形成されるもので、例えば正常な脚が本来触覚が生える眼のすぐ側に（図4-5a）、あるいは正常な個体では胸部の**平均棍**[31]ができる部位に翅が生えて四枚翅のハエができる（図4-5b）変異です。これらは胚発生変異の代表です。

その一つ、ホメオ遺伝子が単離され塩基配列が明らかにされました。ハエでは多くの変異遺伝子の染色体上の位置がすでに決定されていたので、ホメオ遺伝子に関係の深い遺伝子の構造とその機能が次々に明らかにされました。その結果、それまで「発生過程は谷間を水が流れるように自然に進行する」と考えられていましたが、「実は道路の交差点で交通整理をする巡査のような働きをする遺伝子によって制御されている」という全く新しい世界が拓けてきました。すなわち、発生過程の進行は遺伝子の働きがなければ正常に進まないことが明らかになりました。

そこで先述のカエルの胚発生の記述と少し重複しますが、ショウジョウバエの初期発生の過程にかかわる遺伝子の具体例を述べておきましょう。ショウジョウバエの卵は、小さいですが内容物は均質ではありません。卵のもとになる**卵母細胞**が母体内で成熟する間に、周囲の**保育細胞**が、初期の胚発生に必要なｍＲＮＡやタンパク質を卵母細胞に一定順序で送り込むからです。

そのうち重要な役割を演じる典型的な例として、母親の遺伝子**ビコイド**（bicoid）のmRNAがあります。それは卵細胞や初期胚の前方部に局在していて、胞胚が完成する直前にタンパク質に翻訳されます。**ビコイド・タンパク質**は胚の前方から中央にかけて濃度勾配を形成します（図4-6bの上段）。ビコイド・タンパク質には特定の遺伝子の転写調節作用があり、その濃度の高い細胞では**ギャップ遺伝子**（図4-6a・6b上から二番目）という数種類の遺伝子がビコイド・タンパクの濃度に対応する位置で転写され、次いでタンパクへの翻訳が起こります。数種類のギャップ遺伝子のタンパクも転写調節因子で、それぞれの濃度に応じて次の段階のペアルール遺伝子グループの転写を刺激します。その時には数種類のギャップ・タンパク質が異なる遺伝子の発現調節をするので、ペアルール遺伝子の発現は細胞の位置により異なり、図4-6bの縞模様が細く正確になります。このような調節がもう一段

図4-5　ハエのホメオティック変異

働いて、最後にセグメント極性遺伝子とホメオ遺伝子の産物が作用して体の形や働きを具体的に決める遺伝子の発現を促します。

なお、ギャップ遺伝子が発現し始めるのは胞胚期で、カエルの胚で述べた胞胚中期の転換点と一致します。また、ビコイドのように母親によるmRNAが卵に送り込まれて胚発生で効果を発揮する遺伝子のことを**母性効果遺伝子**[32]といい、ショウジョウバエではビコイド以外にトル(Toll)など六種が知られています。

一方、ギャップ遺伝子は主に六種が、さらにペアルール遺伝子、セグメント極性遺伝子、ホメオ遺伝子などを合わせると約三十種の遺伝子が、胚由来の遺伝子として活動を開始します。図4-6aに示すように、母性効果遺伝子を頂点としたギャップ遺伝子以下五つのグループの遺伝子群は、ピラミッド型に制御された転写調節をして見事な発生過程を導きます。図4-6bは各遺伝子グループのタンパク質に対する抗体染色を示しており、上から下に進むに従って、発現しているタンパク分子の領域は細分化されます。後半には胚が成長し体節が形成されると、それに対応してタンパクが合成されている様子がわかります。これらの働きによって胚の長軸方向に沿った組織が正確に区分されています。

この時期、若い胚を輪切りにして見ると、腹側には母性効果遺伝子の産物の一つの**トル(Toll)受容体**が分布しており、その活性化に反応して遺伝子の調節因子、**ドーサル(Dorsal)**が腹側に濃度高く分布し、その影響で背側、中間部、腹側で異なった遺伝子が発現して胚の**背**

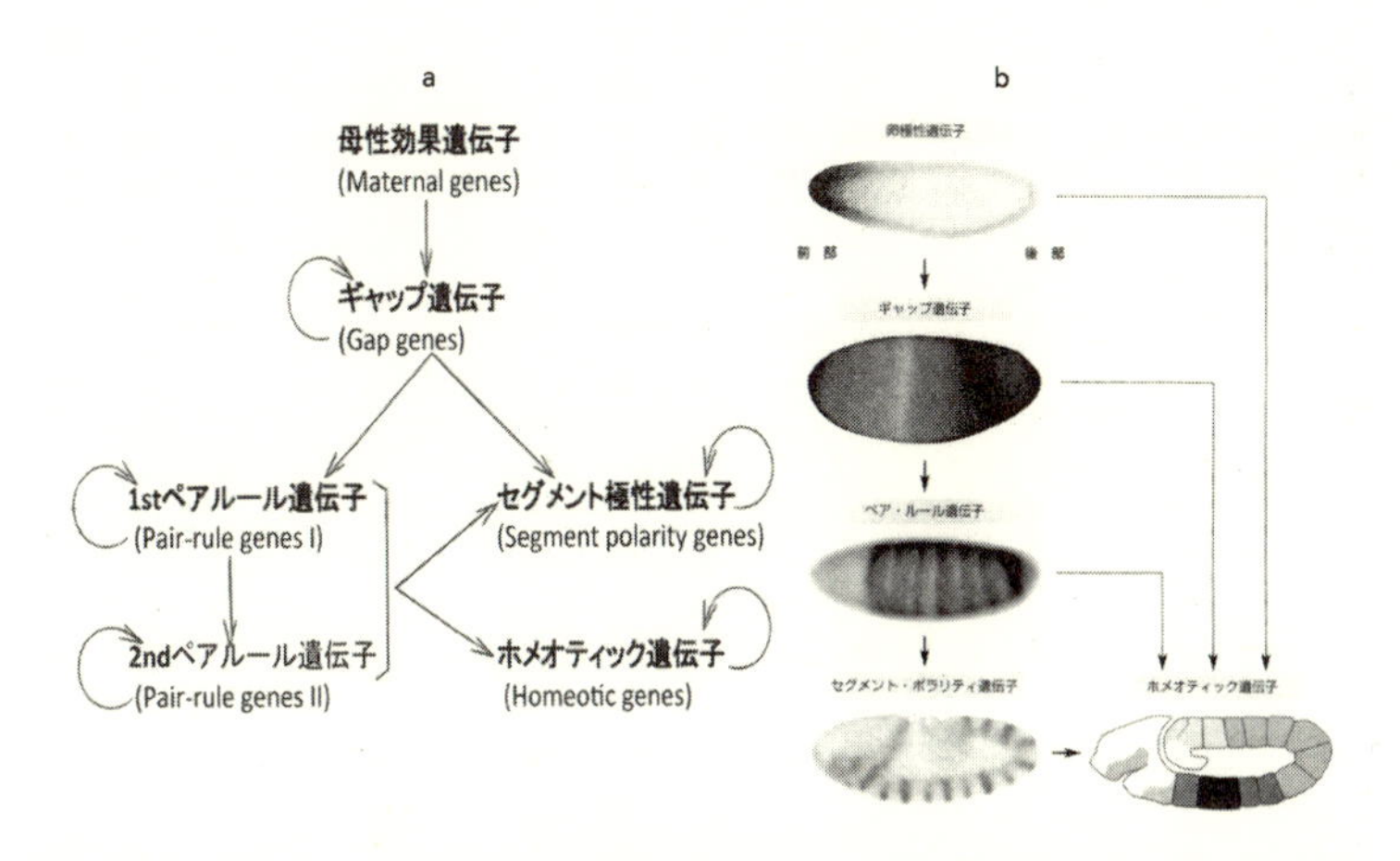

図4-6　ショウジョウバエの発生過程を制御する遺伝子群とその胚における発現

腹軸[33]が形成されます。上記の長軸方向への胚の形成が進行すると同時に背腹軸が形成されていくので、細胞はみな両方向からのシグナルによる遺伝子の発現調節を受けて、他の細胞には代替できない特徴ある細胞に分化、成長していくのです。そして胚全体を通して背側部には循環器系が、中間部に消化管、腹部に神経系および脊索や体節の組織が発達します（昆虫と脊索動物では背腹関係が逆です）。

このような遺伝子調節因子とそれに対する遺伝子の発現は、分子間の正確なコミュニケーションであり、この時期に胚の全ての細胞内あるいは細胞間において多種の分子間コミュニケーションが活発かつ正確におこなわれています。胚の形成はそれらの反応系のよく統御された総まとめと見ることができます。以上の動物の発生過程を最初のアメーバやミドリムシの複製に対比すると、広い意味では複製ですが親から子への世代交代という印象が残ります。母性効果遺伝子の存在や卵子に伝えられた遺伝子以外の物質も含めて次世代へバトンタッチで繋がっているのです。

5　ホメオ遺伝子は全ての動物の体型を決める

さてホメオ遺伝子を含む一群の遺伝子の発見によって、ハエの発生過程がどのような遺伝的制御を受けているか、その大筋が明らかにされました。それまで人々は血液型や眼の色が遺伝的に決められていることを信じても、発生過程の進行が遺伝子により決定されることには大学の専門教授でさえも半信半疑でした。そしてホメオ遺伝子の発見以後も素直に信じることができない人が少なくはありませんでした。「あれはハエのことであろう」と。

ところがそれからまもなく、マウスの発生の研究者たちがマウスにもハエと類似の遺伝子が存在し、同様な働きのあることについて報告をし始め、発生に関与する多くの遺伝子が明らかにされていきました。

ショウジョウバエで見つかった母性効果遺伝子やギャップ遺伝子が、他の動物全てに当てはまるわけではありません。しかし、ホメオ遺伝子は特別で、図4‐7のように**頭部から尾部への前後の軸をもつ動物はみな**この遺伝子群によって形態の概略が決められていることが明らか

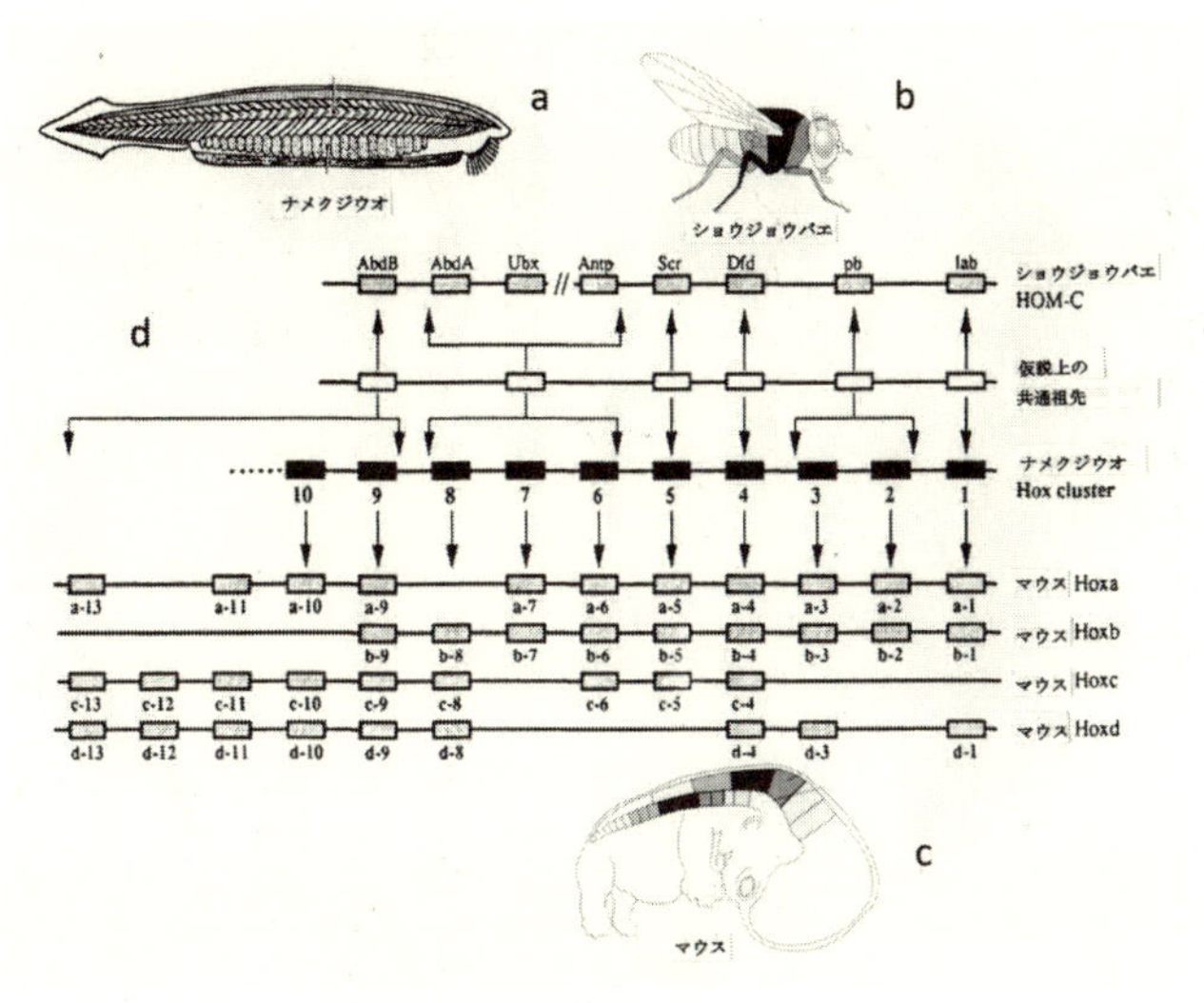

図4-7　ホメオティック遺伝子群の比較

になりました。すなわち、ホメオ遺伝子は単一の具体的形質ではなく、個体の体型全体の領域の決定にかかわる遺伝子で、その影響下で胚発生が進行していることが解ってきました。

マウスのホメオ（Hox）遺伝子の発見と前後して、多くの動物でホメオ遺伝子が発見されました。最も体制の簡単な刺胞動物（クラゲの仲間）でも見つかっています。もとの遺伝子が縦列に重複し、変異を重ね、複雑な体形の動物の出現に寄与したと考えられます。ホメオ遺伝子が数個から十個ほどになった段階が、無脊椎動物である昆虫とナメクジウオなどの脊索動物との分岐点であったと考えられています。そして、多くの動物の類似の遺伝子を含めてこの遺伝子群をホメオ遺伝子あるいはHox遺伝子と総称するようになりました。

マウスやヒトなどの脊椎動物にはハエの四倍、四セットのホメオ遺伝子が存在します（図4-7）。これはもとになったホメオ遺伝子が染色体ごと重複したものと考えられています。重複を重ねると同時に少しずつ変異を繰り返し、さらに発現する細胞の位置が変わると、機能の違った組織が形成されます。例えば四肢をもつ動物の発生の際、頭尾軸に働くものとは異なる一群のホメオ遺伝子が四肢の軸に沿って領域特異的な形態形成を制御します。別の群のホメオ遺伝子は後述の神経細胞の分化にも登場します。

ホメオ遺伝子の起源は古く、その編成事件の一つが先カンブリアに起きたとすると、あのカンブリア紀の大爆発期に多種の〝奇妙奇天烈な動物群〟が一挙に登場してきたことと符合するように思われます。数億年前、核をもつ細胞が出現し、それが二倍体多細胞生物へ発展した時に、その難関を乗り越えることのできた動物は限られていましたが、そのもっていた遺伝子がその後の生物全てに伝わって発展したのです。現生の動物の体の組み立ての土台は全てホメオ遺伝子の支配下にあり、したがって動物の形態が大同小異であることの意味が読み取れるのです(*)。

6　神経細胞の分化

動物の発生過程における形態は、初期胚の時期に頭部、胸部、腹部など大きな枠組みが決まります。引き続き内部の循環器系、消化管、神経系、筋・骨格系などの器官や組織の原型が決まります。それらを裏打ちする遺伝子の活性化を柱とする生体内の反応が明らかになってきました。その後に続くより具体的な分化過程のうち、興味深い脳神経系の形成についても同様に、内部で起こっている遺伝子の働きが次第に明らかになっています。

私たちの神経系は、全身に張り巡らされたいろいろな感覚器から求心性神経を経て情報を寄せ集め、中枢神経系に統合し、その興奮が遠心性神経を経て運動器官に伝えられます。あるいは、中枢神経系の興奮が記憶や認識などいろいろな活動に引き継がれます。これらのうち、神経管から分化する脳脊髄などの中枢神経系の分化について見てみましょう。なお、末梢神経系は神経管の周囲の神経冠（堤）から形成されます。

成熟した神経細胞は、図4‐8のように核を含む細胞体から複数本の樹状突起と一本の長い軸索突起が（細胞体から左へ、長いものでは約一メートルに達します。図4‐8左方へ）出ていま

＊　全ホメオ遺伝子の塩基配列の一部は非常に類似していて、その共通配列を〝ホメオボックス〟という。ホメオボックスは各分子の一部分、六十個のアミノ酸の配列を規定している。この六十個のアミノ酸部分はDNAの特定塩基配列や別のタンパクに結合して体制を決める遺伝子の転写を調節しているとされている。大部分のホメオ遺伝子は転写調節因子をコードしており、各細胞はそのホメオ遺伝子の指示に従ってその細胞に特徴的な遺伝子の転写を開始し、形質を顕す仕組みになっている。ホメオ遺伝子の働きの原理の一面を示唆するものである。

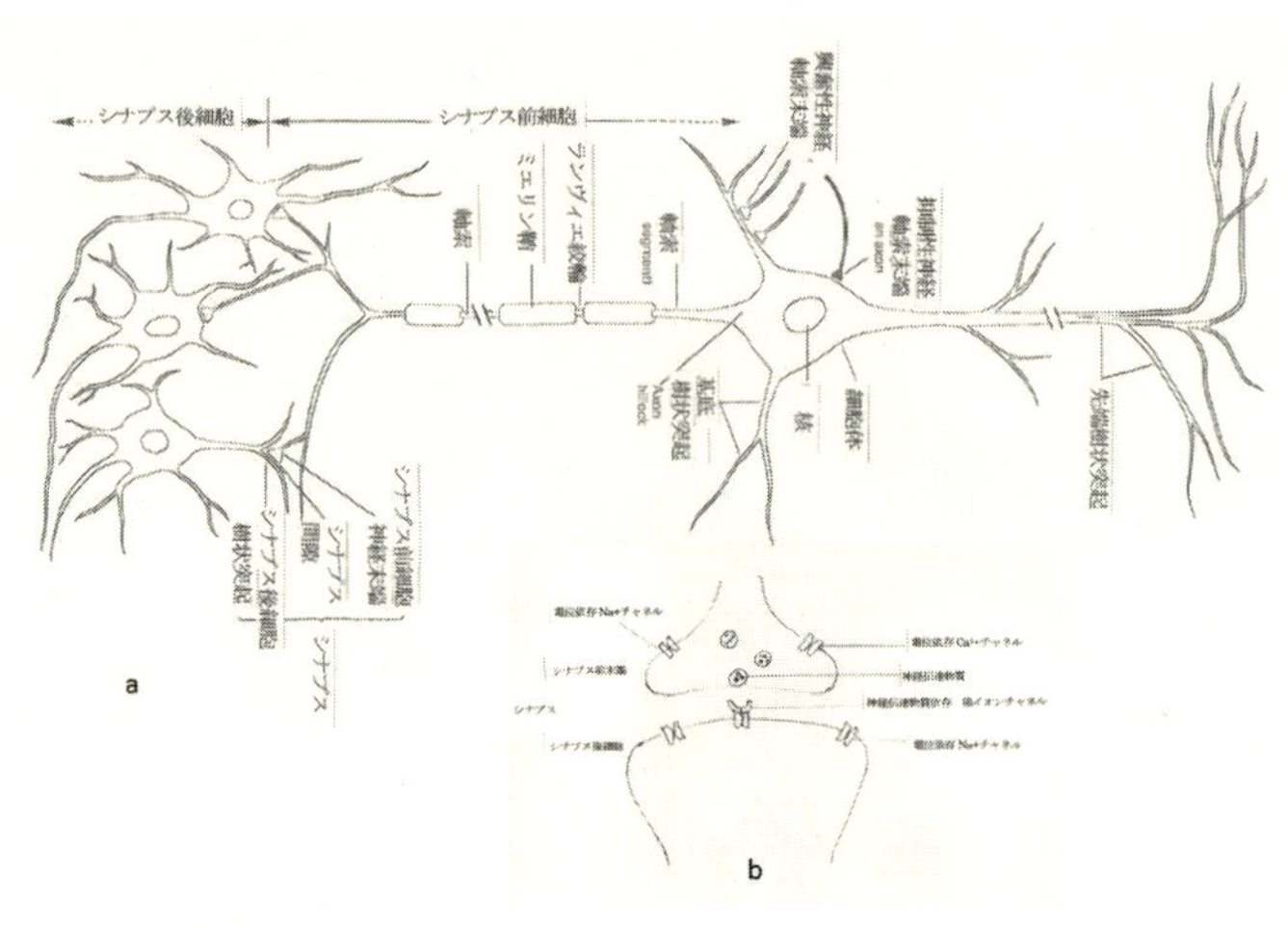

図4-8　神経細胞

す。**軸索突起**は、次の神経細胞へ**興奮を電気信号**で伝えるため、表面にNa^+を通すチャネルが並んでいます。それを保護し伝道速度を高める役割のミエリン鞘をもつものもあります。軸索の末端は複数に枝分かれしていて、各枝の末端はそれぞれ異なった後続の神経細胞の細胞体や樹状突起と**シナプス**という特殊な結合を形成しています（図左部）。当該細胞の樹状突起には、他の多くの神経細胞の軸索突起の末端がシナプス結合[34]をしています（図4-8b）。

シナプス結合では、軸索に沿った電気信号とは違って、前の細胞から後ろの細胞へ興奮性（または**抑制性**）の化学物質の信号が伝えられています。一個の神経細胞は、多い時には約一〇〇〇個のシナプス結合で受診したメッセージを細胞体で総合して、次の神経細

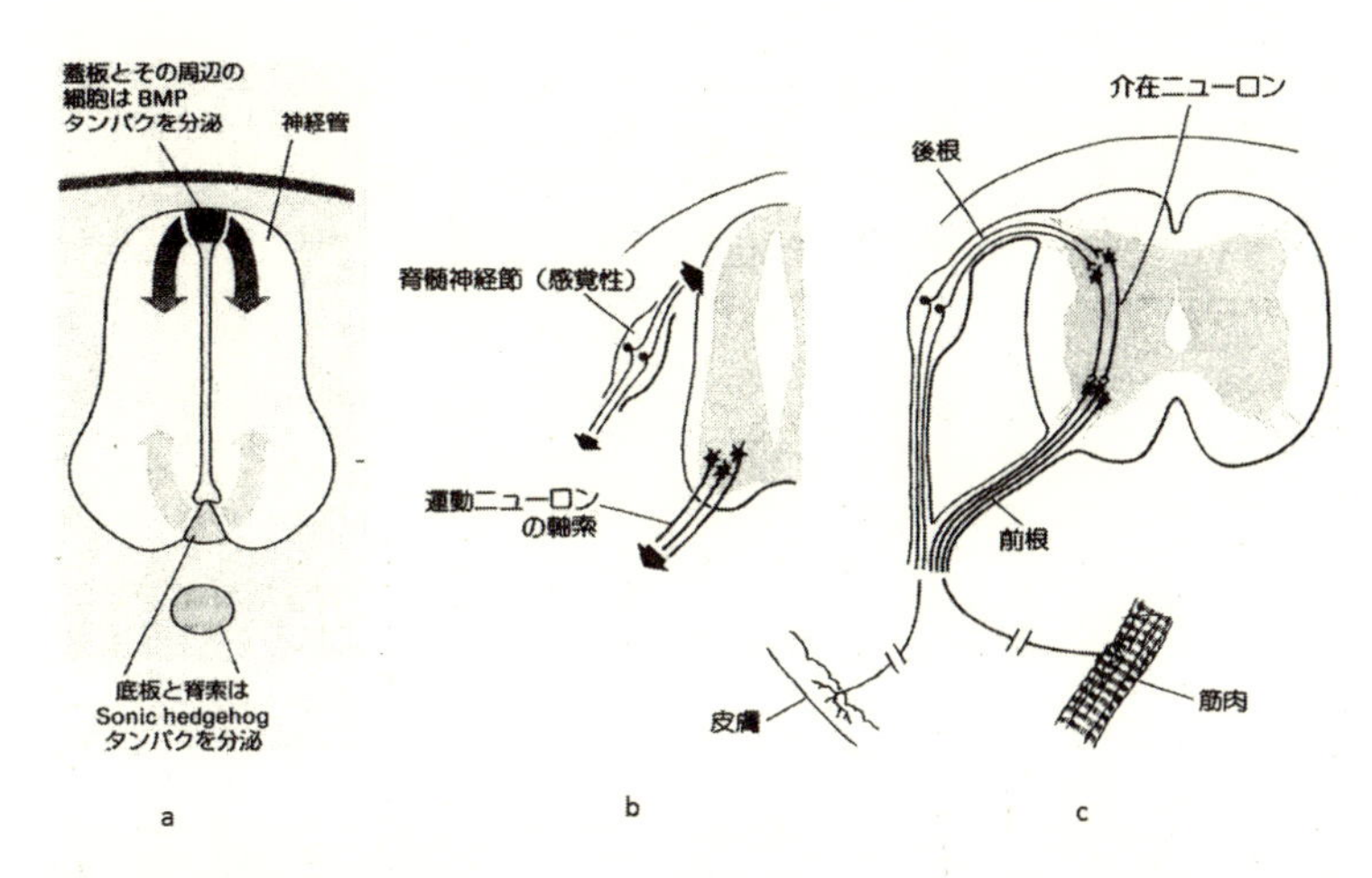

図4-9　神経細胞の形成

胞へ連絡しています。ヒトの場合、神経細胞の総数は二〇〇〇億個を超えると考えられています。したがって神経系全体のネットワークは非常に複雑で精巧になっています。このような神経系はどのような過程を経て作り上げられるのでしょうか。

図4-3bには器官形成期の神経胚ができる様子が示されています。神経管の細胞はグリア細胞[35]を分化・分離した後、細胞分裂で数を増やしながら徐々に神経細胞に成熟します。その分化過程の大筋は他の細胞種のそれと基本的には同じです。そこには二つの因子群が作用します。一つは周囲の細胞から分泌されるモルフォゲンなどの誘導因子で、もう一つは受け取った細胞内のシグナル伝達経路上の酵素や遺伝子産物の因子です。これらの作用が神経細胞のおおよその性質を決めています。

それでは求心性の感覚神経と遠心性の運動神経はどこでどのように形成されてくるのでしょうか。それを知るためにまず神経管の中部領域で起こる変化を追って見ることとします。

原腸陥入の説明（図4-4a）の際に、原口背唇部位でBMPの作用を打ち消すコージン、ノギンとフォリスタチンの三種の遺伝子が発現することを述べました。原腸陥入後、中胚葉によって裏打ちされた外胚葉の上部が平たく肥厚して**神経板**を形成する時には、この三種の遺伝子発現は持続していて、それが初期胚の分化に影響力のある転写調節因子、Soxの働きを動員しています（図4-4b。因みに中胚葉によって裏打ちされていない外胚葉では上記三遺伝子は発現しておらず、神経細胞には分化しないで外胚葉性の表皮細胞を形成します）。

神経板から進んで神経管になると、表皮組織でのBMP分子の分泌は停止します。代わって外胚葉性の非神経細胞群と神経管の上部の細胞（**蓋板**）が、複数種のBMP分子種のいずれかを前後の位置に応じて分泌します（図4-9a。図4-9bは長軸方向の一点の切断面です）。その情報が次の遺伝子を目覚めさせ、やがて**感覚神経細胞**へ導くのです。具体的には神経管のすぐ側にある膨らみ（神経節）の細胞（**予定神経細胞**）がBMP分子群の一つを受け取ると、その受容体は細胞内のシグナル伝達経路[36]のSmad遺伝子産物[37]を活性化します。すると細胞は図4-9bにあるように両方向に突起を延ばし、上方の突起は神経管内の介在ニューロンと、下方の突起は末端組織の（皮膚）細胞とシナプス結合をします。このようにして前後軸の位置に応じたBMP分子の種類と濃度によって決まった感覚神経に分化します。これは誘導因子が受容体を介

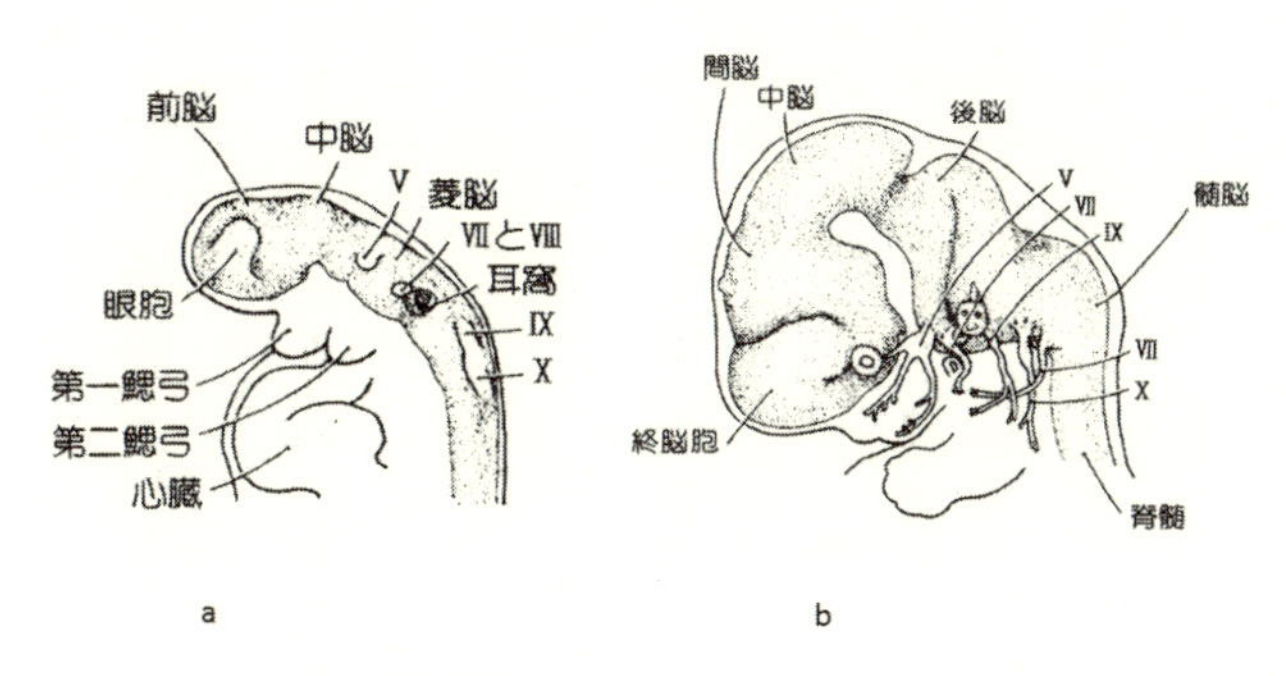

図4-10　ヒト初期胚の脳神経の模式図

して細胞内のシグナル伝達経路に繋がり、細胞を分化に導く典型的なパターンです。

一方、神経管の直下で中胚葉性の軟骨組織に分化した**脊索**と、それに接する神経管底部（**底板**）の両方からSHH遺伝子[38]（Sonic hedgehog）の産物が分泌しています（図4-9a）。SHHタンパク質が標的の予定神経細胞に達すると、細胞の位置に応じてSHHの効果により調節され、いろいろな**運動神経**の分化が誘導されます。結果として背側からは感覚神経が、腹側からは運動神経が、神経管の中間部からは**介在神経**が形成されます（図4-9c）。

このように最終的な役割の決まっていなかった未分化な細胞が、周囲の誘導因子の刺激により細胞の位置に適った神経細胞に分化します。しかしこれで完成ではありません。感覚神経にしても運動神経にしてもその軸索突起の到達目標である皮膚や筋肉は遥か彼方にあります。神経突起の**成長円錐**と呼ばれる先端は、どのようにして他の組織間の曲がりくねった道をくぐり進むのでしょうか。その詳細、とくに道の途中の全てが解明されているわけではないのですが、周囲の細胞から分泌されている誘導因子や反発因子と、神経細胞の成長円錐の内含する特異的な受容体との相互作用が、成長円錐に駆動力と方向性を与えています。

また、突起が伸長するためには表面の膜成分とそれを支える細胞外マトリックスが必要で、それらも常に供給されています。しかも、その成分は成長円錐の進行場所により変化するので、ヒトではおよそ一〇〇種ものタンパク質の遺伝子が必要で、それらの存在も解っています。個々の神経細胞は、周囲の組織や細胞と会話を交わしながら体の隅々の目的地まで成長していくのです。神経細胞に限らず多くの細胞が成長、成熟していく過程では体のあちこちから彼らの会話が聞こえてくるような気がするのです。

なお脳に関しては、神経管の前方では脳が前脳（終脳）、間脳、中脳、後脳、髄脳の五区画に分化し、その最先端部の前脳（終脳）では、神経管の背側のＢＭＰ群と腹側のＳＨＨとが共同して前脳に特有な神経細胞の分化を導きます（図4-10a・10b）。それに続く部分では、それぞれ特定の遺伝子や因子が働きます。例えば**菱脳**（後脳と髄脳の前段階）の**くびれ**が形成される時に、各分節に個性を付与する因子群が働くことが解っています。その因子群とは前節で述べたHox遺伝子産物と、その影響下で働く遺伝子群です。Hox遺伝子は中胚葉性の組織が分化する際に活躍することを述べましたが、後脳以降の髄脳（延髄）、脊髄へと神経が分化する際に神経管の領域に対応してHox遺伝子群が発現し、神経節の個性の決定に貢献しています(図4-9c)。

因みに脳神経最大の第二分節から**三叉神経**(図4-10b中のV)、第四分節からは**顔面神経**(同図Ⅶ)、第七、八分節からは呼吸・循環・消化器官に自律神経作用のある**迷走神経**(同図X)がそれぞれ分化します。

以上、神経細胞ができてくる過程の概略で、BMPやSHHなどがモルフォゲンとして分泌されると、それを受けた予定神経細胞が感覚神経や運動神経などへ分化する様子を述べました。このように未分化な細胞は、その周囲の細胞が分泌する誘導因子の刺激を受けて反応(コミュニケーションを交わ)しながら、一歩一歩分化して数多くの機能を分担する神経細胞群ができ上がっていくのです。そして神経細胞の場合には、最終的には全身に隈無く広がった神経系のネットワークを形成して、体のいろいろな器官、組織、細胞から情報を得、また、隅々へ情報を発信しているのです。(*)

7　J・ガードンのクローンカエルとS・山中のiPS細胞

ここで多細胞生物の体細胞の分化全体を振り返ってみましょう。二十世紀の後半まで大部分の発生生物学の研究者は、内・中・外の三胚葉構造形成以後の発生過程は不可逆過程であると信じていました。

二〇一二年に京都大学の山中伸弥教授と共同でノーベル医学生理学賞を受賞した英国のガードン教授は、一九六二年にアフリカツメガエルを用いてオタマジャクシの腸の組織から細胞の核を取り、それをあらかじめ核を除いた受精卵に移植しました。その結果、一部はオタマジャクシになりました。ガードンは粘り強い研究者で、分化が途中で停止した胚から再び核を取り別の卵に移植すると、今度はオタマジャクシやカエルまで発生が進行するものが見つかりました。すなわち卵の細胞質の中には腸に分化した核に作用して未分化状態に戻し（**初期化**）、かつ分化を再発進する成分が複数含まれていることを示したのです[39]。

これは世界初のクローンカエルの成功であり、初期化の実験として非常に重要な意味をもっていました。しかしガードン教授の意図はその後の研究の発展にストレートには繋がってはいきませんでした。当時大勢として発生の不可逆過程は自然の流れであり、これを疑問として追究しようとする機運が熟していなかったように思います。むしろ卵子の細胞質中に含まれている**特殊な成分**の作用によるのだろうという点だけが強く注目されました。

一九八〇年代からその神話が崩れ始めます。**胚性幹（ES）細胞**[40]――哺乳動物の初期胚に由来する細胞で、胎児を構成する全ての細胞に分化することができる――が初めて実験的に造られた時には、さすがに大きな驚きで受け止められました。しかしES細胞は初期胚の**内部細胞塊**[41]由来であったことから、胚のもつ分化の可塑性が失われていない特殊な細胞であるとの考えが支配的で、多くの研究者は「初期化である」と発想を転換するには至りませんでした。しかし、骨髄由来の細胞から本来外胚葉性の神経細胞や中胚葉性の脂肪細胞などが実験的に分化誘導されるようになり、[42]徐々に神話が崩れていきました。

そして二〇〇六年に、京都大学の山中伸弥等が成体の培養繊維芽細胞に四種の遺伝子（Sox2, Oct3/4, Klf4, c-Myc）を導入して**iPS**（誘導多能性幹）**細胞**[43]の作成に成功した時には、大きな驚きをもって受け止められました。動物発生学を素直に学んだ発生学者たちにとっては、発生過程の不可逆性の現象が重くのしかかっていて到底考えつくような研究課題ではなかったのかも知れません。

＊　SHH、BMP群やHox遺伝子群がこのように保存されて大部分の多細胞生物で体の基本設計の決定にかかわっているということは、この遺伝子群が生物の進化の歴史の中で果たしてきた重要性を示している。中でもHox遺伝子群は体の中核構造の決定という解りやすい役割をしてきた。私は脊椎動物の先祖、脊索動物の一種ナメクジウオ（図4・7a）の存在を大学三年の動物発生学の授業で初めて習った。脊索動物は私たち脊椎動物に近いようで遠いような不思議な存在で興奮を覚えた。そして細身の魚類のような、しかしよく見ると頭部の構造がはっきりしない動物の標本が記憶に残った。それから約二十三年後にナメクジウオのHox遺伝子の報告（図4・7）を『ネイチャー』誌で見たとき、しかもナメクジウオのHox遺伝子はショウジョウバエと同様に一セットであることを知って、当然のことと思いつつ再び興奮を覚えた。それからさらにしばらくしてバージェスの化石群の中のナメクジウオに似た脊索動物、ピカイアのことを知って、遠い祖先と考えられるカンブリア紀の脊索動物ピカイアも、たぶんHox遺伝子を一セットもっていたに違いないと信じて疑うことができなくなった。そして「カンブリア紀の動物にもすでに高等動物の形態形成にかかわる遺伝子の大綱、Hox遺伝子群は完成しつつあったに違いない」と考えるようになった。

山中伸弥等の研究目的ははっきりしていました。ＥＳ細胞のようにいろいろな細胞に分化可能な**分化多能性**をもつ細胞をつくり、それを再生医療に適用することでした。それを骨髄細胞などで部分的に成功していた経験的な培養技術を改良するのではなく、遺伝子の直接の働きで実現しようとするものでした。山中伸弥等が哺乳類の繊維芽細胞に導入した四種の遺伝子がその核にもたらした生化学変化と、カエルの受精卵の細胞質がオタマジャクシの腸の核にもたらした生化学的変化はどのような類似性と相違点を持っているのか具体的には明らかになっていません。しかし、結果的には発生系の〝不可逆過程〟にある核を初期化する、という共通性を示しました。二〇一二年のノーベル医学生理学賞を二氏が共同受賞したことは、その点が評価されたものでした。

問題に立ち戻って、発生の不可逆過程、あるいはその逆である初期化では、核の中で一体どんなことが起こっているのでしょうか。一九六二年のガードンの実験の成功は五十年以上も前の実験なので、その変化が分子生物学的に十分に解明されたわけではありません。ただし、二〇一二年に発表された米国の「ＤＮＡエレメント百科事典」計画の成果を踏まえて解釈すると、胚の核内のＤＮＡ・ＲＮＡ・タンパク質の複合体であるクロマチンは、個々の細胞に特徴的な高次構造を形成しています。そのため同じ塩基配列をもつＤＮＡでもクロマチンの高次構造が違うと、転写調節因子やＲＮＡ合成酵素が標的の遺伝子に同じように近づけるとは限らないのです。

初期化とは、発生初期に働く遺伝子に選択的に転写調節因子やRNA合成酵素などが近づいて、転写しやすいようにクロマチンの高次構造をリセットし、実際に転写することです。それを可能にする要素が自然界では卵内や初期胚の細胞に含まれていること、そして類似の現象を遺伝子導入により人為的に真似ることが可能なことを示唆しています。山中伸弥のiPS細胞の場合は、成体から取り出し培養した繊維芽細胞に、研究によって選び出した四種類の遺伝子を働かせて核のクロマチンの状態をリセットすることができたことを示しているのです。

8 エピジェネティック効果を解明できるか

発生過程の細胞に限らず、どの細胞でも遺伝子を含むクロマチン（染色体の脱凝縮状態、図1-5参照）の構造は、その細胞の生理的状態に特有の高次構造をしています。さらに細胞の履歴により細胞内に存在してクロマチンに作用できる転写調節因子の種類が決まっています。それらのことが分子の支えになってその細胞の性質、すなわちどの遺伝子をどのくらいの頻度で転写し、必要なタンパク質を作るかが決まってきます。

細胞の種類が同じでも、生理的状態により目覚めている遺伝子の種類は変動します。ある時に覚醒している遺伝子は、全遺伝子のせいぜい一〇%とも二〇%とも言われています。このように同じDNAの塩基配列をもちながら遺伝子の働きに違いが生じ、しかもその状態がしばらく固定化する仕組みを広くエピジェネティック効果といいます。それは主に次の二種類の分子の変化が基本的原因となっています。

第一は、DNA塩基の一つシトシン（C）にメチル基（$-CH_3$）が付加して、その部分に親和性のある特定のタンパク質が結合して高次構造を固定化します。第二は、DNAと複合体を形成しているヒストンの一部のメチル化またはアセチル化で、そこに別のタンパク質が結合してクロマチンの高次構造に影響します。

動物の遺伝情報を、エピジェネティックスについて正面切って取り組むことによってより正確に解くことが期待されています。この現象は細胞の個性にかかわる問題でもあります。そのことを解析するためには、特定の一個の細胞の遺伝子のどこがメチル化されているかを調べる必要があります。

最新の技術を用いてその一歩は踏み出されています。ある遺伝子のどの部位のヒストンのメチル化あるいは脱メチル化酵素が鍵を握っているかが示されつつあります。以前にも述べましたが、細胞は精緻な生命体の仕組みの中で半ば独立に生きていると見ることができます。一方、細胞は個体と有機的関係を保持している部品です。有機的関係とは個体のどの細胞のどの遺伝子が発現しているかという情報を共有することに他なりません。

本来この初期化という現象は、個体の複製を受け継ぐ生殖細胞にとって重要な機能です。多細胞生物が次の世代に生命を渡していく仕組みの中で欠かせない大切な工夫です。本章の３節で触れた生殖細胞質の初期化の機構を根本的に解明することが疎かにされてはなりません。

ここではｉＰＳ細胞という窓を通して、個体の複製のいろいろな側面について見てきました。私たちの体の構成を見ると、顔や手足の形にしても、内臓の諸器官についても大体ある一定の枠内の大きさに収まって適切に機能を遂行しています。また、時間的経緯もだいたい調和のとれた発育をしています。これらはみな発生過程で見てきたように多種類のモルフォゲン、ホルモン、成長因子、分化誘導因子、神経伝達物質などの液性因子が、発生過程（体の状態）にもとづいていろいろな器官、細胞で合成・分泌され、それらを受けた細胞が反応している結果と言えます。

これら因子（情報）のやりとりは、まさに細胞間の情報交換、会話です。その手段は液性因子のほか、細胞同士の直接の相互作用や神経伝達によるものもあります。そのシグナルを受け止めた細胞が、細胞内のシグナル伝達経路を経て核に伝え、上で見てきたように遺伝子の作用を呼び起こし、細胞が反応した結果が個体に現れるのです。

本章を終わるに当たって、「器官や細胞は半ば独立して生きているように見えるが、しかしそれらは個体の単なる部品としてではなく、有機的連携のもとに生きている」という意味を確認しておきましょう。有機的連携とは何か。細胞膜で仕切られてはいるが、遺伝子の発現状況が別の次元で全身に伝わっているということです。それは器官や細胞の生死が終生個体の他の部位と会話を通して成り立っているということなのです。

次章では、個体を超えた生命体集団について考えます。考え方を広げると、地球上の生命体全体に対する考え方にも発展していくかもしれません。

第五章

個体を超えた生命体

1　ミツバチの生態

ミツバチは昆虫ですが、変わった生き方をしています。最初に彼らの生きている様子を見ながら特徴について考えてみたいと思います。

ミツバチの巣箱には一匹の女王バチ（雌、二倍体）と数万匹の働きバチ（全て雌、二倍体）が住んでいます。年に一時、数千匹の雄（一倍体）が出現しますが、通常は雌の働きバチが巣箱の中で子育てや、蜜、花粉などを収穫しながら社会生活をしています。

花畑で豊富な蜜を見つけて帰巣したミツバチは、真っ暗な巣箱内の入り口近くでおどりを踊ります。それは花畑の方角と距離を示す踊りです。それを察知した周囲のミツバチが寄って来て見物し、踊り手を触角で触り、踊りを確認します。最後にみんなでそれを真似て踊ります。これはフリッシュ（K. v. Frisch）の発見をもとに彼の後継者、タオツ（J. Tautz）によって詳細が明らかにされたミツバチのダンス語教室です。

やがて先輩格を先頭に巣箱を飛び立ちます。途中、隊を成して飛行するとは限りませんが、花畑で待ち構えていると、数匹のグループが到着し、先輩が先に下方に、後輩が後で上方に着地します。蜜や花粉を集めて巣に帰ると、受け取り役がそれらを巣板(そうばん)の所定の所に収納します。この収穫飛翔を日に数回繰り返します。彼等の寝ている姿を観察すると、このグループは巣板の上方に列を作って休んでいます。

これはミツバチの集団生活のひとコマですが、J・タオツ等はさらに生まれたての若い成虫数百匹にマイクロチップを埋め込み（図5-1）、二十四時間体制で行動を観察、記録、解析して多くのことを明らかにしました。彼らが繰り広げる日常生活は、例えば収穫作業、後輩の養育、巣の保温や冷却、巣（巣板）の建築作業などとても複雑で興味深いです。

結論として、ミツバチのコロニー全体を一匹の生命体と見る考え方が提唱されています。すなわちコロニー全体を一個体と考えると、卵を産まない大多数の働きバチは体細胞に、雄バチと女王バチはそれぞれ雄と雌の生殖細胞に相当するのです。そしてコロニー全体が年に一度分裂（**分封**(ぶんぽう)）して増殖します。すなわちミツバチのコロニーは「自己複製する個体を超えた一つの生命体、**超個体**（**スーパーオーガニズム**）」なのです。タオツらの著書[44]に沿って紹介しましょう。

2　コロニーの生活

ミツバチの飼育箱の中には大体三十センチ×四十五センチほどの木枠がたくさん垂直に吊るされていて、その枠にミツバチが巣房(そうぼう)を一面に作ります。これを巣板といいます。各巣板の領域は使用目的によって区画されています。中央部分は育児領域で、卵が産みつけられて幼虫が育ちます。それを同心円状に囲むように花粉を蓄える巣房が、さらにその外側には蜜を貯蔵

図5-1　マイクロチップを装着した働きバチ

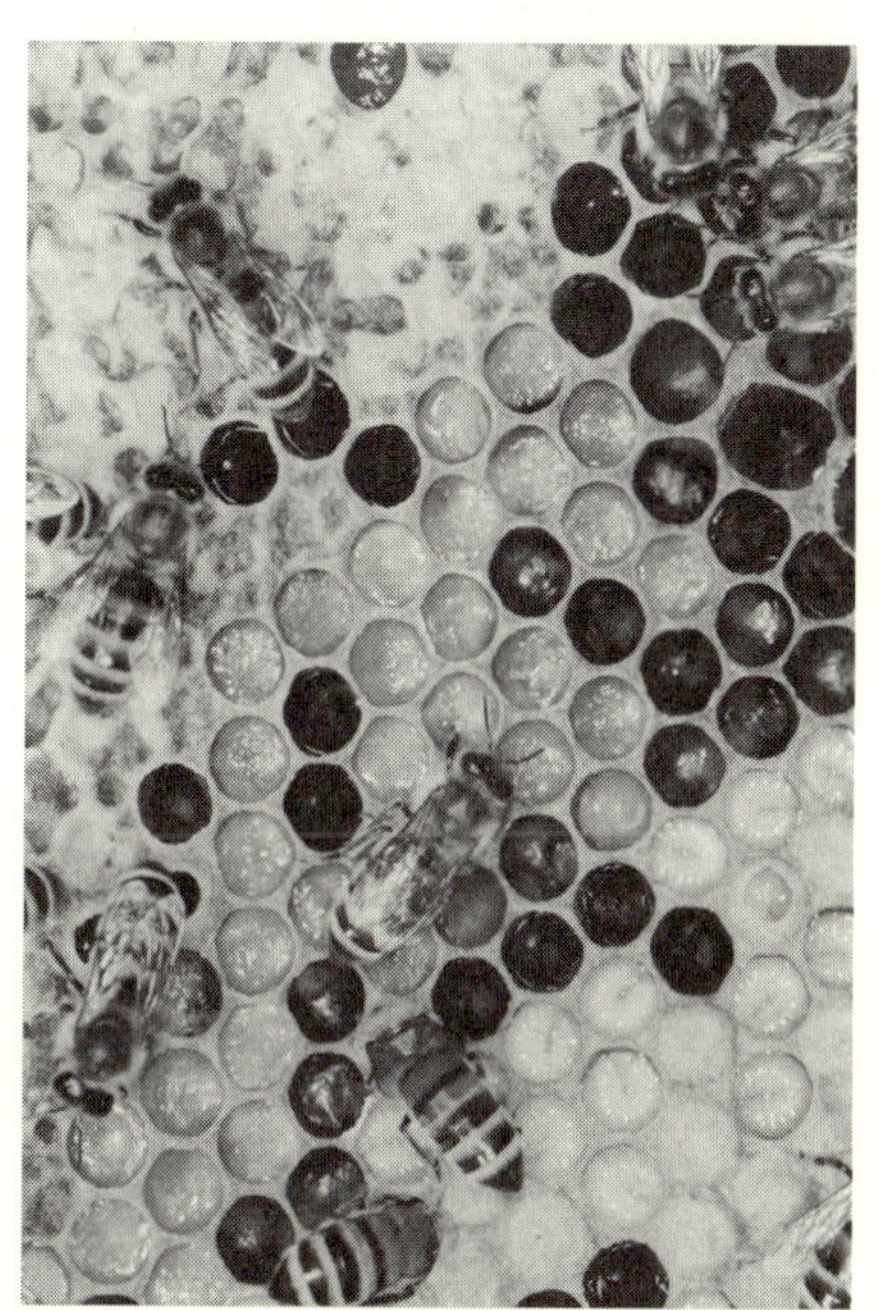

図5-2　巣板上の区割

する領域が配置されています（図5-2）。この巣板の配置は全て働きバチが決めています。

次に、どの巣房に卵を産みつけるかを決めるのは女王バチの世話をする働きバチ（宮廷バチ）です。毎日多数の卵が産みつけられ、発育の早い幼虫に餌を与え続けることも働きバチにとって大切な仕事となります。

ミツバチは冬期、ハチミツをエネルギー源とし、巣の中で塊になって暖をとりながら過ごします。春、気温が上昇し花が咲き始めると、働きバチは収穫を始め、女王バチは卵を産み始めます。

仲間の数が増えてくると、働きバチが巣板の下縁に数個の次代の女王バチのための巣房（**王台**）をつくります（図5-3a）。その中に女王バチは次代の女王バチ候補のため**受精卵**を産みま

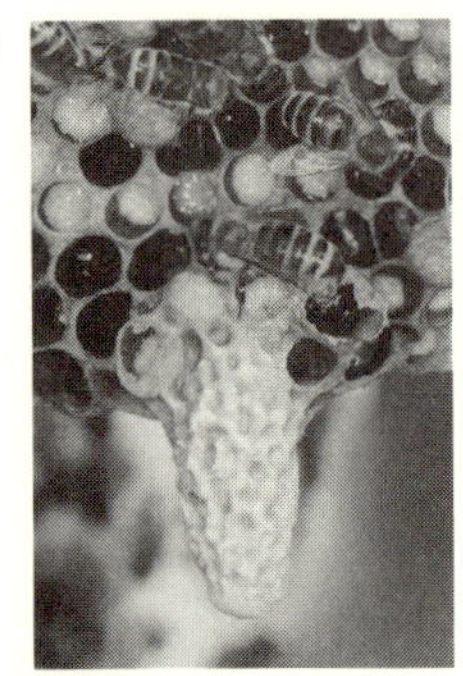

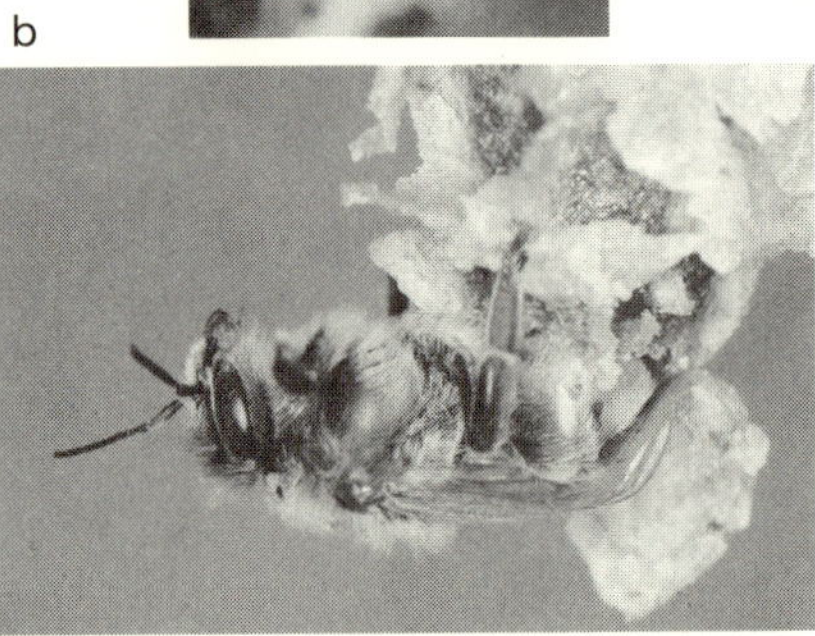

図5-3　王台と新女王バチの誕生

す。三日で幼虫が孵化すると、働きバチにより**ロイヤルゼリー**[45]が与えられます。幼虫は成長と四度の脱皮を重ね、十日後に蛹となり、その六日後に羽化します（図5-3b）。女王バチはこれより二十五日ほど前に雄バチのための**未受精卵**を数千個産みます。女王バチの世話をする働きバチが女王バチの食事制限をして身軽に空を飛べるように準備します。女王バチは次代の女王バチ候補が羽化する数日前に巣の約半数の働きバチを連れて巣を後にし、新しい巣を設営するための旅に出ます（分封）。

図5-4　ワックスの分泌

　女王バチが働きバチを連れて新しい巣に移ると、そこで巣の建築が始まります。分封する際には古巣から必要なハチミツを持ち出してよいことになっています。係りの働きバチが蜜ロウを造り、ワックスを分泌すると、他のハチが

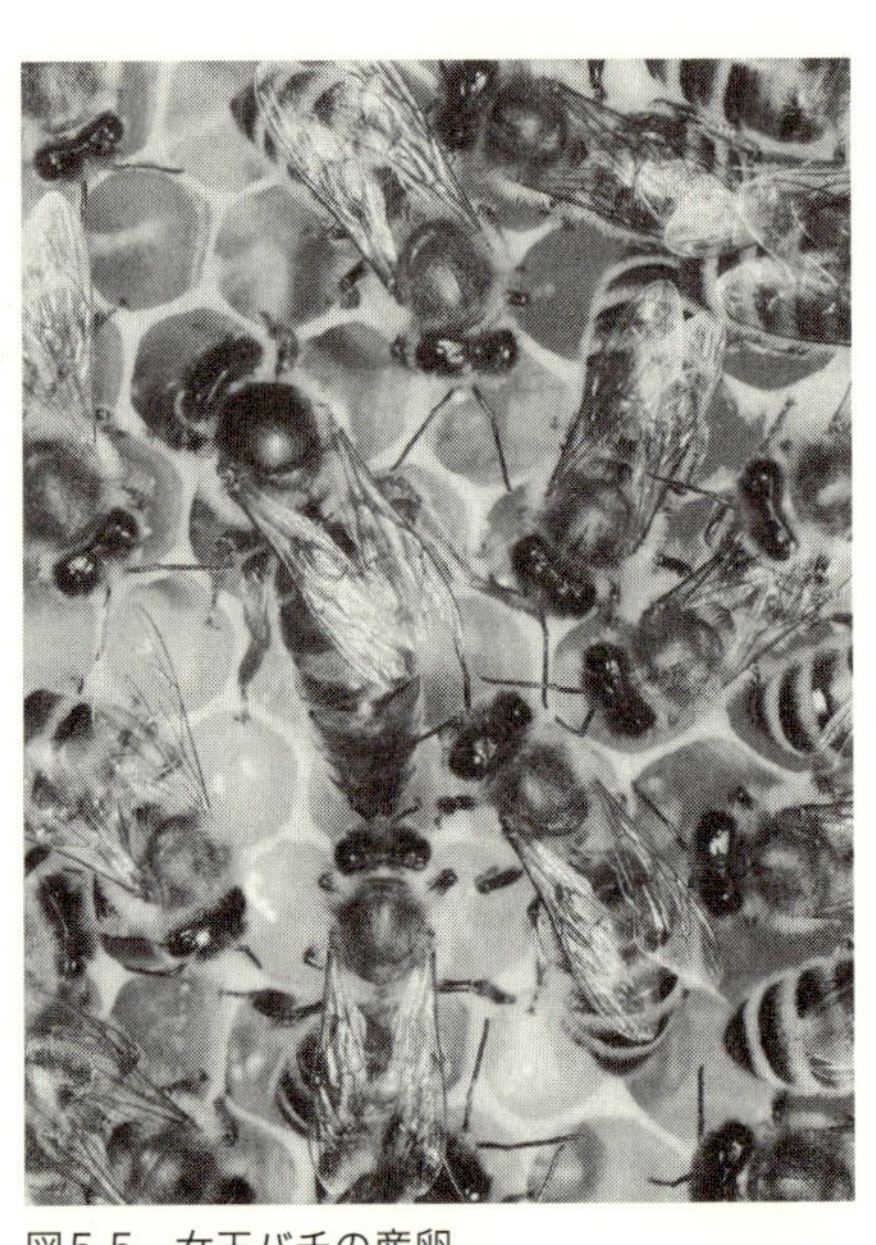
図5-5　女王バチの産卵

それを建築現場に運んで口でこね直して巣の上部に塗り付けます（図5-4）。複数の建築開始点から次々に一定の大きさの蜜ロウの小部屋、巣房が造られ、それが二次元的に規則的に並んだ巣板ができます。巣板は垂直方向にセットされるので個々の巣房は水平方向になります。

一方、女王バチの不在となった古巣では王台から最初に羽化した新女王バチ候補が、隣接する王台から羽化する二番目、三番目の新女王バチ候補を羽化する直前または直後に刺し殺します。そして自分が新女王バチであることが周囲の働きバチに認められると、働きバチの小集団に付き添われて〝婚姻飛行〟に出かけます。

それより少し前に、未受精卵から生まれた雄バチたちは巣を飛び立ち、近隣の巣の雄バチたちと共に巣から遠くない特定の場所に集合して群れを作ります。この近隣の雄バチの集団が待ち構えている近くで、新女王バチは〝婚姻飛行〟を繰り広げます。雄バチは先を競って新女王バチを追いかけて交尾します。交尾の際に雄バチは雄性性器を女王バチに挿入した状態で自爆します。女王バチは交尾のおこなわれた印としてそのまま帰還すると、従者役の働きバチがそれを取り外します。

女王バチは〝婚姻飛行〟を数回おこない、集団の中の雄バチ（異なる巣の雄バチも含まれます）数匹と交尾します。婚姻飛行は分封後の新コロニーには必須の行動で、これにより新女王バチは数匹の遺伝的に異なる雄バチから数年分の精子を確保するのです。

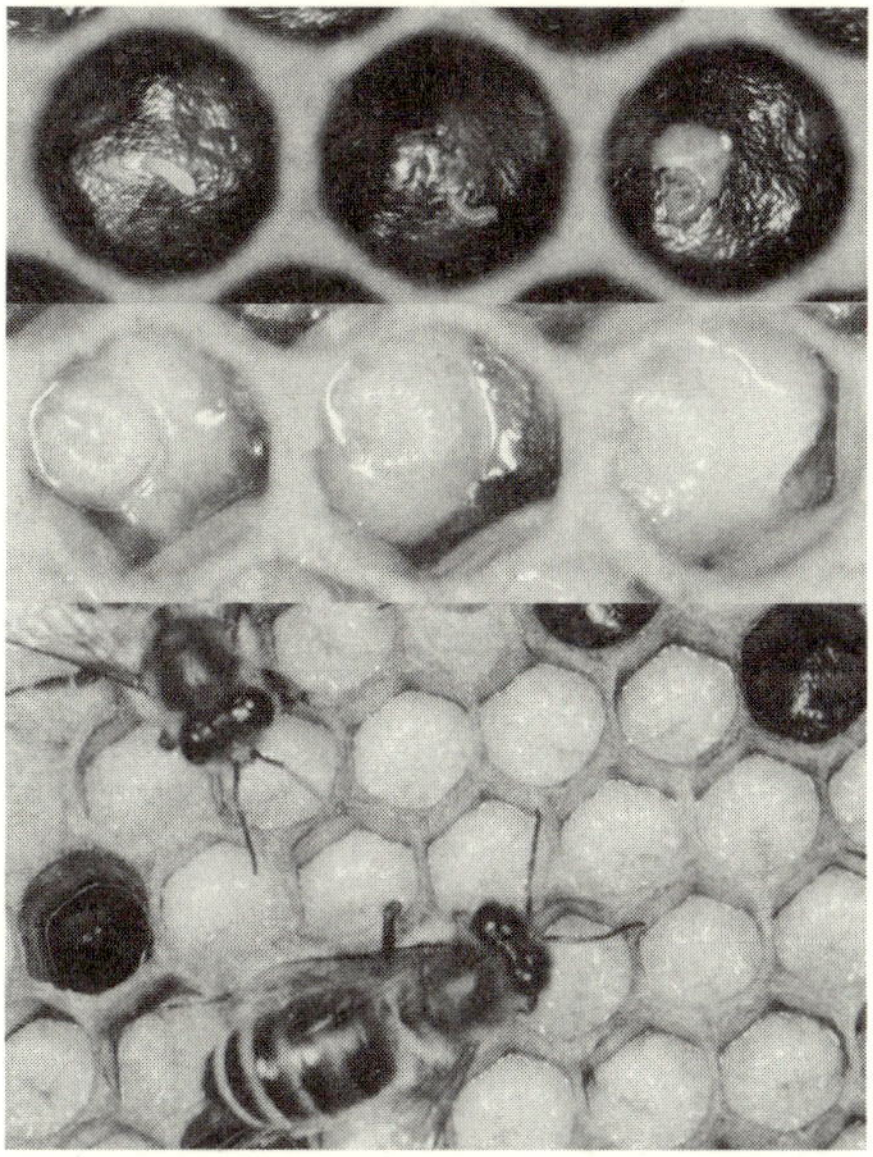

巣に帰還した新女王バチは、毎日一〇〇〇個前後の受精卵を巣房に一個ずつ産みます（図5-5）。卵を産みつけるべき巣房は若い働きバチが前もって清掃し、そこへ女王バチを導きます。

卵は三日で孵化します（図5-6）。働きバチの幼虫には初期だけロイヤルゼリーを、その後は花粉主成分の姉妹ミルク[45]が与えられます。

図5-6　ミツバチの卵といろいろなサイズの幼虫

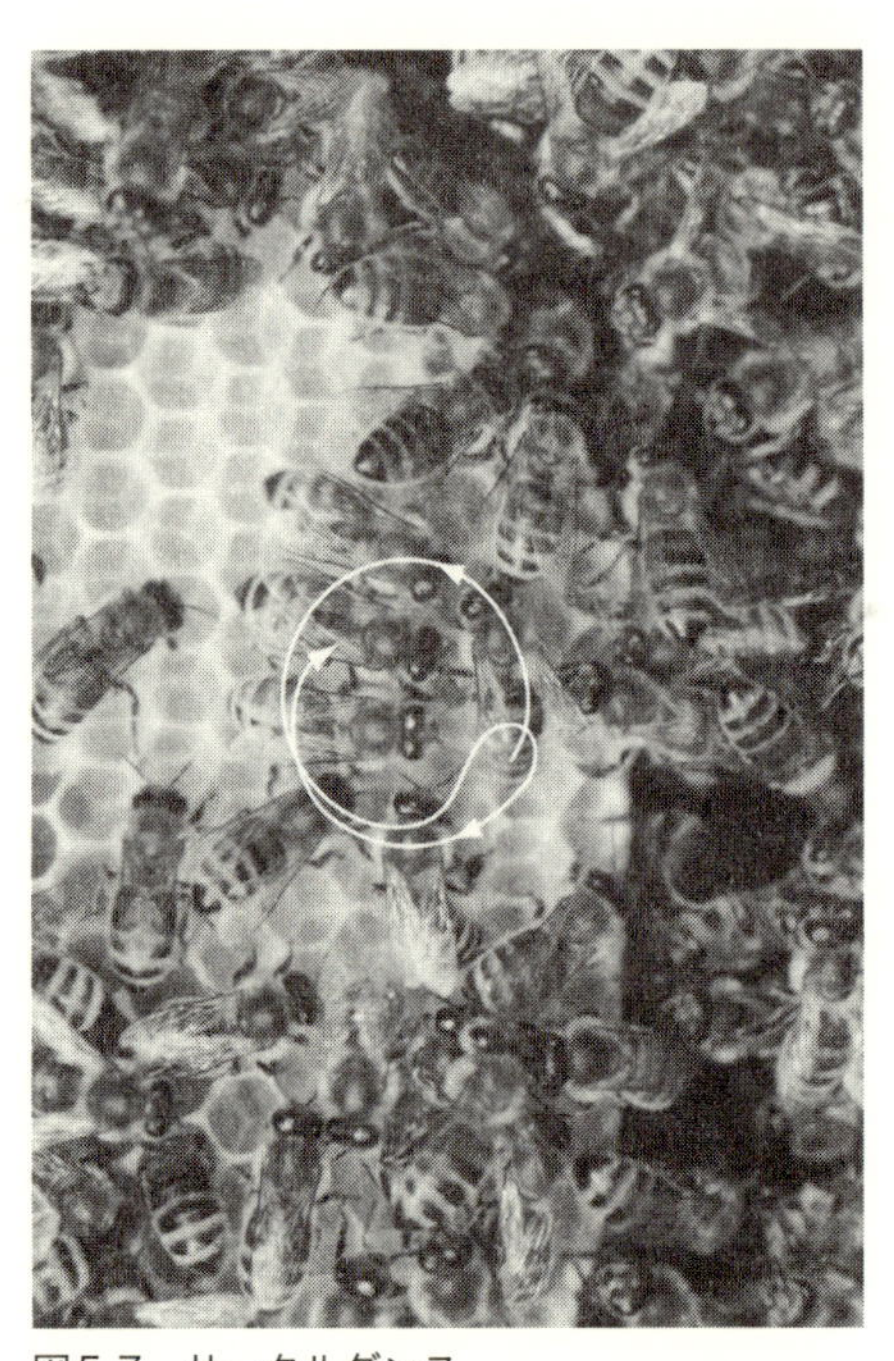

図5-7　サークルダンス

これが唯一の養分です（女王バチ候補の幼虫には最初から最後までロイヤルゼリーが与えられます）。働きバチの場合は十日間で四回脱皮し五齢幼虫となります。その後育児係が巣房に蓋をすると、その中で蛹への変化が始まります。蓄えの花粉はどんどん消費され、新しい花粉に変わります。働きバチの蛹は九日後に成虫となり、羽化して巣房から這い出します。働きバチは産卵からおよそ三週間で成虫となるのです。夏蜂はその後四週間働きバチとして生活します。

若い働きバチの初期の仕事は内勤で、巣房の清掃をし、幼虫（妹か姪にあたります）にロイヤルゼリーや姉妹ミルクを与えます。日常の仕事としては外勤のハチから花粉や花蜜を受け取り蓄えます。巣箱内の環境（温度、湿度）管理、蛹の保温など巣の中で必要な仕事を全て分担してこなします。また、外敵や侵入者から巣を守る守衛や、女王バチの世話をする宮廷バチなど特化した役もこなします。

働きバチの生涯の後半の仕事は、外勤で蜜や花粉を収穫し巣へ運ぶことです。例えば外勤のハチが巣から五十―七十メートルの所に餌場を見つけた場合には、彼女は〝サークルダンス〟を踊ります（図5‐7）。このダンスで伝えられる情報は多くはありませんが、巣から飛び出すだけですぐに餌場を見つけることができるのでこれでよいのです。餌場が遠くに離れている時には〝尻振りダンス〟を踊ります（図5‐8）。これは餌場の方向と巣からの距離が含まれています。

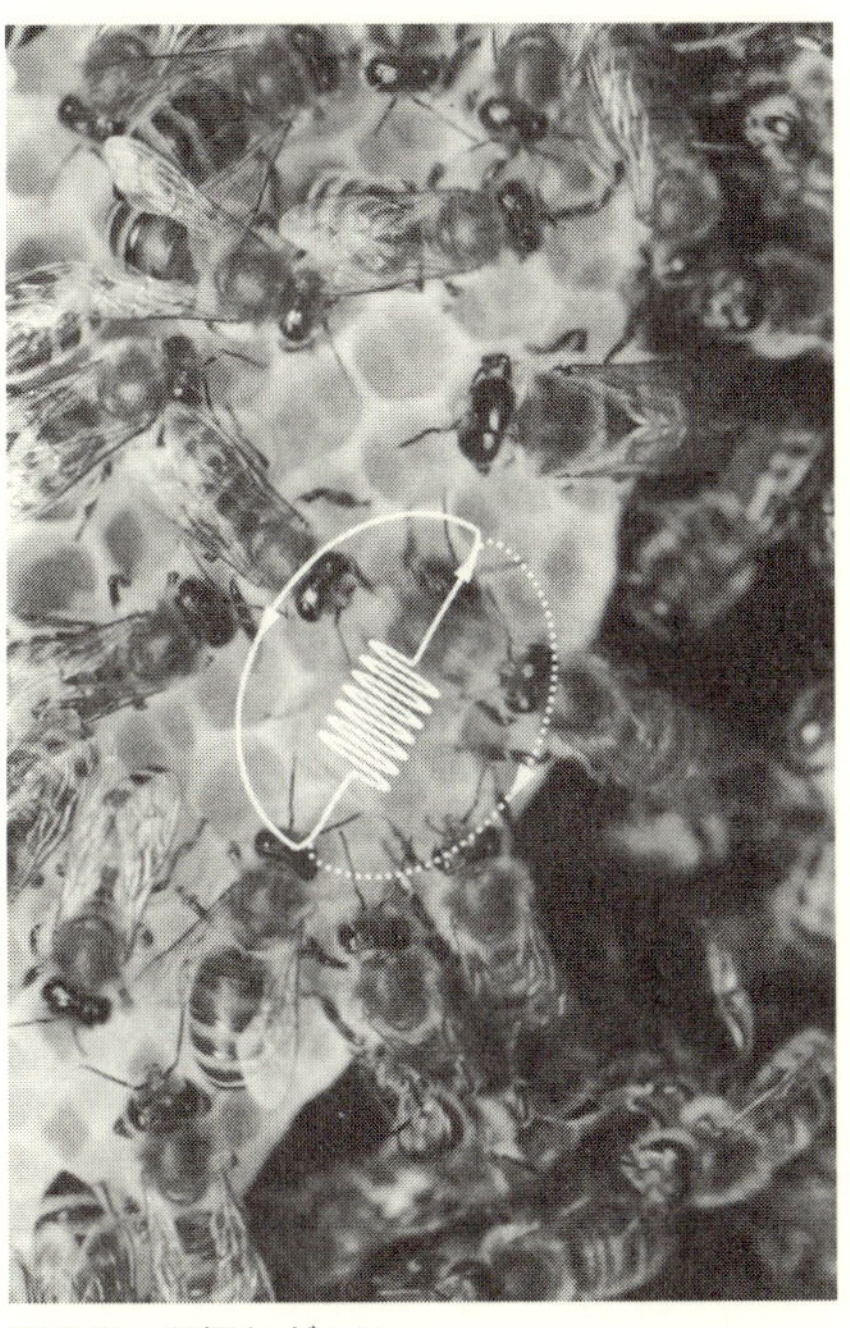

図5-8　尻振りダンス

一匹の収穫バチは、一回に二十―四十ミリグラム、一日に三―十回花蜜を収穫します。巣では花粉や花蜜を受け取る係りが待ち受けていて、収穫物をそれぞれの領域の巣房へ運びます。収穫が多い時、あるいは巣房が満杯の時には、係りのハチがピーピーと鋭くシグナルを出します。それに応じて手伝いが増えたり、収穫が抑制されたりします。

働きバチのうち、峠を越したハチは次々に巣を去り、毎日約一〇〇〇匹のハチが羽化してそれを補います。働きバチはこれらの仕事を本能的な行動だけでこなしているわけではなく、かなりの部分先輩に教わっておこなっていることが解ってきました。真っ暗な巣内に数万匹以上の働きバチが一体となって生活していることを考えると、ハチ相互間の情報伝達（後述）や教育の重要性はますます大きくなっています。そしてそれを支えるホルモンなどの生理学的基盤の重要性も推察されます。

例えば女王バチは、特別のホルモンを分泌することによって、女王バチとしての存在と状態をコロニー内に示しています。宮廷バチは絶えず女王バチを舐め、それを他の働きバチに行き渡らせています。

夏から秋に移り、野山に蜜を出す花の数が少なくなると、当然収穫量が減ってきます。気温が下がるとミツバチは野外活動をしなくなります。ミツバチは巣の中に留まり、時々蜜を舐めエネルギーを補充します。夏の間収穫した花蜜は巣の中で二倍に濃縮され、高エネルギーのハチミツとなっています。ミツバチは自分で収穫したハチミツを普段食することはありません。これは育児のため、蛹の羽化を助けるために発熱した働きバチに与えるため、そして食糧のない冬場を乗り越えるためのいわば保存食です。

秋になると女王バチの産卵数も減少してきます。冬を迎え寒くなると、ミツバチはこの保存食を食べながら巣の中で密に集合して蜂玉を作り、暖をとりながら過ごします。ミツバチの寿命は夏期には四週間ほどなので、巣の中のミツバチの数が徐々に減少します。まだ詳細は不明ですが、集団の中に冬蜂といわれ最長十二ヵ月生き延びる働きバチが含まれています。

ミツバチの体表はワックス腺から分泌される蜜ロウで覆われています。蜜ロウの組成は遺伝が一部関与しているので同じ巣箱のミツバチのものはよく似ており、その匂いも同じです。先述したように、巣の入り口には守衛バチがいて巣に所属するものと余所者を識別し、余所者を排除します。しかし面白いことに、余所者のハチが花蜜の大きな液滴を袖の下として守衛に差し出すと、寛大に見過ごされ巣内に入ることを許されるのです。ミツバチは別の形でも情報交換して巣を守り維持しています。(*)

＊ 私たちが食べているハチミツはミツバチにとっても貴重な食糧である。しかも彼らにとっては日常食ではなく、子育てや重労働の報酬あるいは冬場の寒さを凌ぐエネルギー源である。その意味で非常食に相当する。養蜂家たちはハチミツを収穫した後、相当の糖分をミツバチにお返しする。私の友人に、最近巣箱を作りニホンミツバチの誘い込みに成功して山村暮らしの喜びの一つにしている人がいる。時々巣箱を覗いては巣が大きくなるのを確認して喜んでいた。夏も過ぎた頃に決意してハチミツの収穫をしたところ予想以上の収量に感激していた。そこまでは良かった。しかし、次に会ったら「奴らずらかっちゃった」と落胆していた。もらうものはもらったがそのままだったのである。どちらが礼を失したかは明らかである。そこにはミツバチを家畜の一種と見るヨーロッパの養蜂家と、蜜を獲得するための趣味の対象と見る友人との違いがあることは明らかだ。もちろん友人は次回からミツバチに敬意を表するように改めた。

3 ミツバチのコミュニケーション

ミツバチが盛んに幼虫を育てている巣板を見ると、いろいろな発育段階の幼虫を見ることができます（図5-6）。よく観察すると、所々幼虫のいない巣房があります。空と見える巣房をさらによく見ると、中には成虫の腹部の縞模様が確認できることがあります（図5-9a）。赤外線カメラや自記温度計を挿入して正確に調べてみると、これは働きバチが怠けて昼寝をしているのではないことが解りました。ミツバチは頭を先に巣穴に潜り込み、飛翔筋と翅との接続を外して飛翔筋のみの収縮運動を激しくおこなっています。そうすることによって自身の体温を最高四十三℃まで高めることができるのです（図5-9b）。

調べてみると潜り込んだハチの周囲を変態中の蛹が囲んでいることも判明しました。五―三十分すると、ハチはヘトヘトになって巣房から這い出してきます。すると、すかさず高エネルギーのハチミツを口に含んだ仲間がやってきて、くたびれたハチに栄養補給します。周囲の蛹のいる巣房の温度を測定すると三十六―三十八℃でした。この温度はミツバチの蛹が羽化をするための最適な温度なのです（図5-9bのｘｙｚはハチの位置、星印は蛹の位置）。

健全な巣板では、だいたい五―一〇％が孤立した空の巣房です。この事実は偶然とは考えられません。先に記したように、働きバチが女王バチの産卵を誘導する時にすでにどの巣房に産み、どの巣房は空のままにするのか計画されているように見えるのです！　そして発熱バチが潜り込んで暖房する空の巣房を、蛹が取り囲むように幼虫が発生するステージが進行するようにあらかじめ計画されているように見えるのです。

　赤外線カメラを挿入して巣の中全体を丁寧に調べてみると、働きバチによる保温は上記の例だけではなく育児巣板のあちこちで観察されます。それも蓋で閉ざされた蛹のいる巣房の上に熱いハチが自分の胸を蓋に押し当てている姿がいくつも観察されるのです。彼らは普通のハチよりも低く座り、胸を押し当てて三十分ほどその姿勢を保ちます（図5‐10）。その間触角を蓋に押し当てて動かさずに、その先端で温度を図っているものと思われます。このような発熱バチの周囲には他の働きバチが密集していて、あたかも熱の損失を防いでいるように見えます。

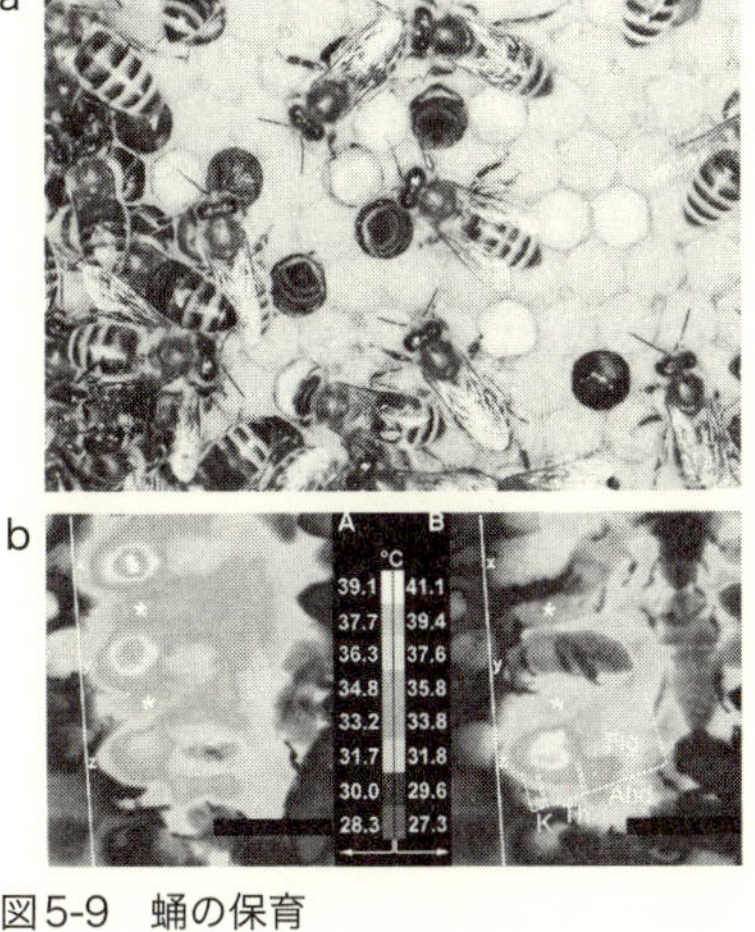

図5-9　蛹の保育

　発熱バチの活躍している巣板には、蜜を貯蔵する領域から離れているにもかかわらず濃縮された高エネルギーの蜜を蓄えた孤立した巣房が見つかります。これは発熱で消耗した発熱バチに〝給油〟する仲間のハチが給油しやすいように用意した給油所と考えられます。実際給油の役を担ったハチが、この高エネルギー蜜を発熱バチに与えている光景が目撃されています。こ

図5-11　働きバチによる送風

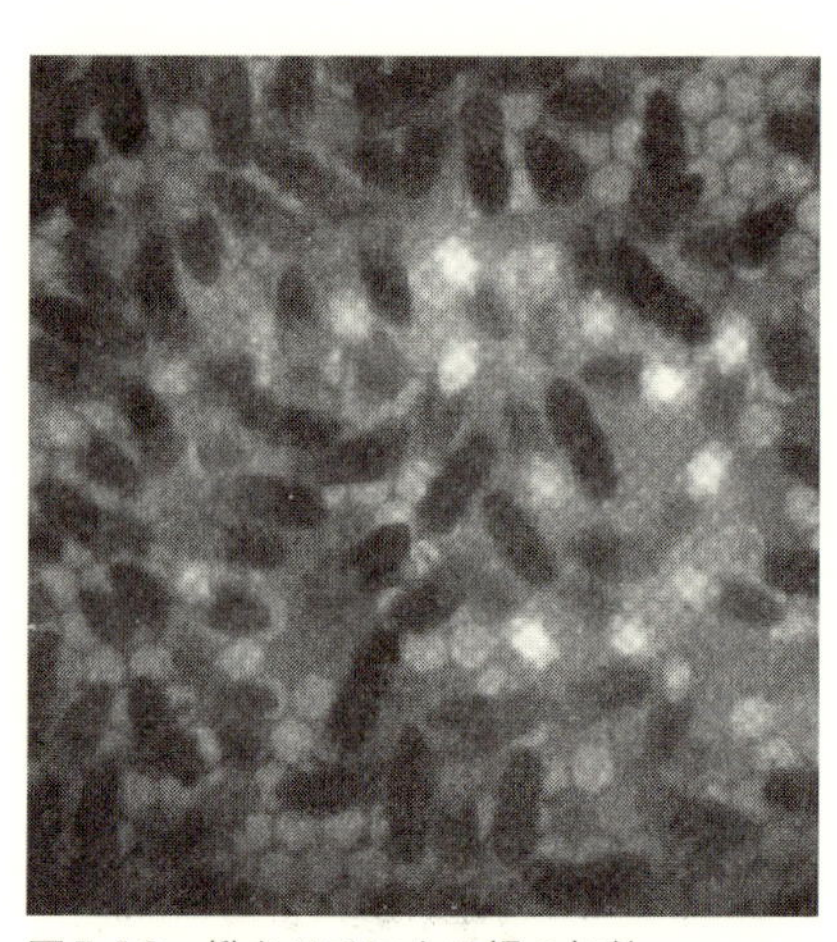
図5-10　働きバチによる蛹の加熱

のように蛹を適温で羽化させることはコロニーに生活する働きバチ集団にとっては大切な仕事であり、代々受け継がれてきた生活習慣のようなものかもしれません。

ハチたちには蛹の保温だけでなく冷却も必要となる時があります。暑い日に特定のハチが近くの水場から水を含んで巣へ運び、それを巣房の縁や蓋の上に薄い膜状に広げます。そこへハチが翅で風を送ると、蒸散作用により周囲の温度を下げることができます。時には数匹の働きバチが巣箱の入り口近くに隊列を組んで、一斉に翅を震わせ換気扇の働きを示すことがあります（図5‐11）。このように、ミツバチは巣箱の生活空間の条件を自分たちに都合の良いように変える工夫をしているように見えるのです。

先にミツバチは、自ら合成したワックスで巣を構築することを述べました。その巣房の壁の厚さ

図5-12　ミツバチによる振動

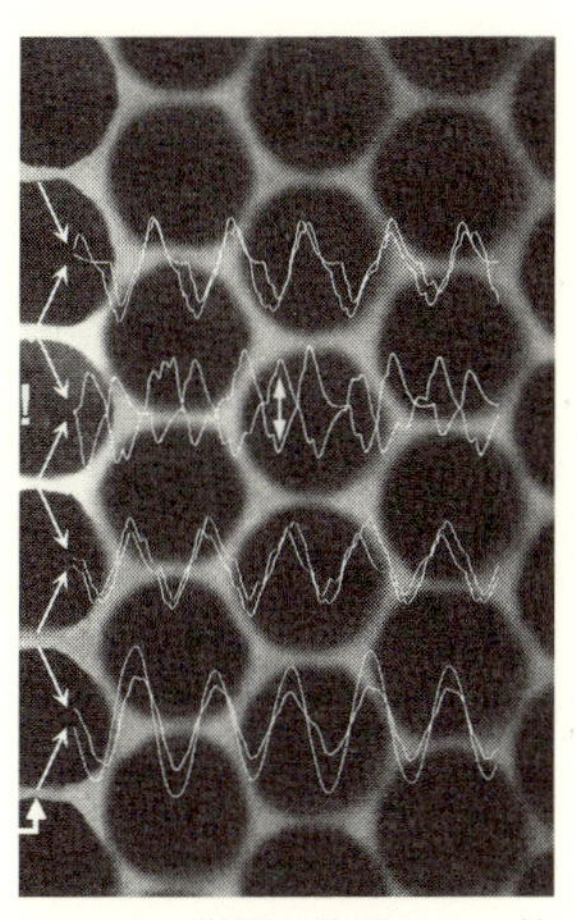
図5-13　巣房の位置による特異な振動

は〇・〇七ミリで、六角形の上縁は〇・四ミリほどです。つまり壁は薄く上縁は太いので、ミツバチが六本脚で巣房の上縁をつかんで体を震わせる（踊りを踊る）と（図5-12）、その振動は巣板全体の巣房の縁を網の目として一定の法則に従って伝わります（図5-13、図5-14）。実はこれがミツバチの通信網なのです。

タオツらは実際にこの振動を記録し、同時にハチの様子を赤外線カメラでビデオ録画しました（巣箱の中はほとんど真っ暗なので赤外線カメラを用いないと内部の様子は解りません）。後でその様子を解析すると、踊りにはいろいろな種類があることがわかってきました。その一例として、ハチが六本の脚で掴んだ巣房と同じ列の相対する壁は同じ方向に振動しますが、一つの巣房の壁だけが反対方向に振動します（図5-13上から二段目の巣房の壁）。次の例では、体を震わせているハチから離れた位置の個体は震源地のハチを振り返って見ます（図5-14b。中央が身震いしているハチ、斜め右上に振り返っているハチ）。

このハチはやがて震源バチに近づき、触覚で触って信号を受け取ります。他の参加者も二本の触角で踊り手に触れて、実際の踊りを覚えます（図5-14a。中央が振動バチ、その周囲一―三番が触覚で振動を確認）。これを契機に冒頭で述べたようなダンス語教室が始まるのです。

4 集団で複製する生命体の形

もう一度ミツバチの生活を俯瞰してみると、春、気候が温暖になり花が咲き始めると働きバチは収穫を始めます。女王バチは働きバチのサポートを受けながら、まず働きバチのための受精卵を産み、巣の中にハチの数が十分に殖えたら次に雄バチのための未受精卵を、続いて次代女王バチ候補の卵を王台に産みます。そして女王バチは分封のための減量など準備をし、やがて仲間と共に古巣を後にし、適度に離れたところに新しい巣を造営します。その数日後新女王バチが古巣で誕生し、〝婚姻飛行〟の後旧女王バチに代わって産卵し始めます。これでミツバチのコロニーの複製は完了します。

女王バチは毎日たくさん卵を生み続けます。それらはみな成虫に育ちますが、次世代には繋がりません。つまり本書で生命体の基本としてきた〝自己複製〟に繋がりません。第四章で見た多細胞生物の発生過程を思い起こすと、受精卵は分裂に分裂を重ねて胚となり、やがて成体となります。その間にたくさんの細胞は分化し、異なった機能を分担しながら個体全体の機能に貢献します。この時期に細胞間で交わされる分化誘導因子などによるコミュニケーションは個体の形成に不可欠でした。

ミツバチのコロニーでは、働きバチの個体数がどんどん増加するとともに互いにコミュニケーションを交わしながら巣の中での仕事を分担し、コロニー全体の活動に貢献しています。真っ暗な巣箱の中の巣板のネットワークを使った情報交換の実態が、タオツ等によって解き明かされつつあります。

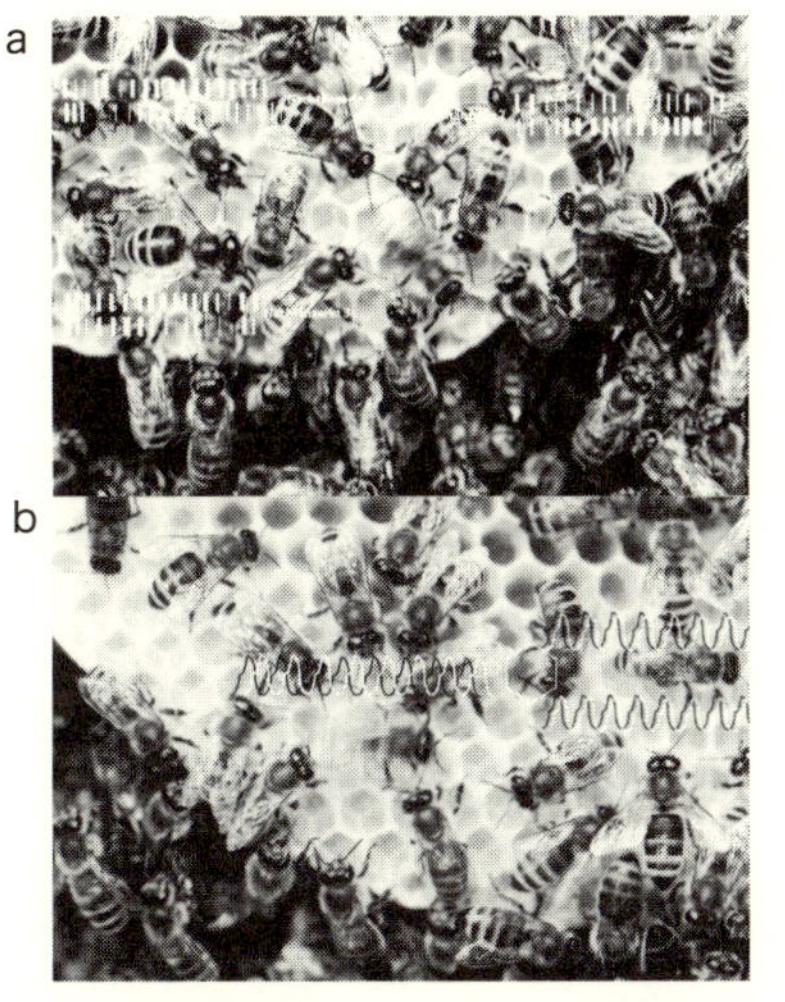

図5-14　ダンス語による会話と振動による通信

王台に産みつけられた受精卵が孵り、ロイヤルゼリーで育てられた新女王が誕生した時に初めて次世代にバトンが渡されます。ミツバチの巣が分かれる分封は、コロニーの複製です。これはミツバチの巣全体を一匹の動物と見る超個体（スーパーオーガニズム）の考えです。そこでは女王バチは超個体の次世代に繋がる〝生殖細胞〟、大勢の働きバチは個体を構成する〝体細胞〟に相当する（図5-15）と考えるのです。

ミツバチは不思議な生き物です。その社会構成や生活の営みについて知れば知るほど、不思議さが増してきます。その核心は彼らの情報交換の巧みさにあると考えられます。情報を発信し、受け取り、行動する主体は、巣の中に数万匹いる働きバチたちです。しかも彼らはわずか四週間で交代します（私たちの体の細胞も年中新陳代謝を繰り返していることと似ています）。

既述のように、羽化して前半は内勤が続き、後半は花粉や花蜜の収穫をする外勤に進むようになっています。仕事の種類は巣房の掃除や育児など十五種以上に及びますが、それはまるで個体を構成する体細胞が発生の進行に伴って分化する細胞のように見えてくるのです。そしてコロニー全体として整合性のとれた一つの統一体を形作っています。これはいろいろな情報交換によって成り立っているように見えます。この情報交換の仕組みは、第四章で述べた私たちの体を構成する細胞が直接あるいは間接に相互にシグナルのやり取りをしながら個体を形成し、その働きを維持している様子に似ています。

地球上に生息する動物を〝進化〟の座標の上で整理することは一般的です。その際、骨格など動物の形態が重要な要素として採用されています。しかし、もし動物の生活形態を重要な要素として進化の座標軸として考えるとどうでしょうか。これまで動物の進化では、脊椎動物の中で哺乳動物が最も進化した動物であり、その中でもヒトは霊長類の頂点に位置する最も進化した動物と考えられてきました。そのことの正当性は揺るがないとしても、進化の座標軸の取り方を変えると動物の世界も変わって見えてくるのです。

ミツバチは食べ物を周囲の野山から集め、貯蔵し、餌のない冬を凌ぎます。また、卵から孵った幼虫を姉妹ミルクで養育し、自分の体を発熱させて蛹を適切な温度で羽化させます。このように、ミツバチのコロニーの生活は移り変わる自然環境に集団で適応し、維持し、発展させています。ミツバチのコロニーは数万の個体で構成されており、その個体の活動は周囲の状況や仲間の存在に適切に反応しています。ミツバチのコロニーの秩序は、食物の共同貯蔵や育児温度の制御に代表されるように、共同活動と競争によって成り立っています。その結果、コロニーは超個体として個々のミツバチの合計以上の生存をもたらしています。

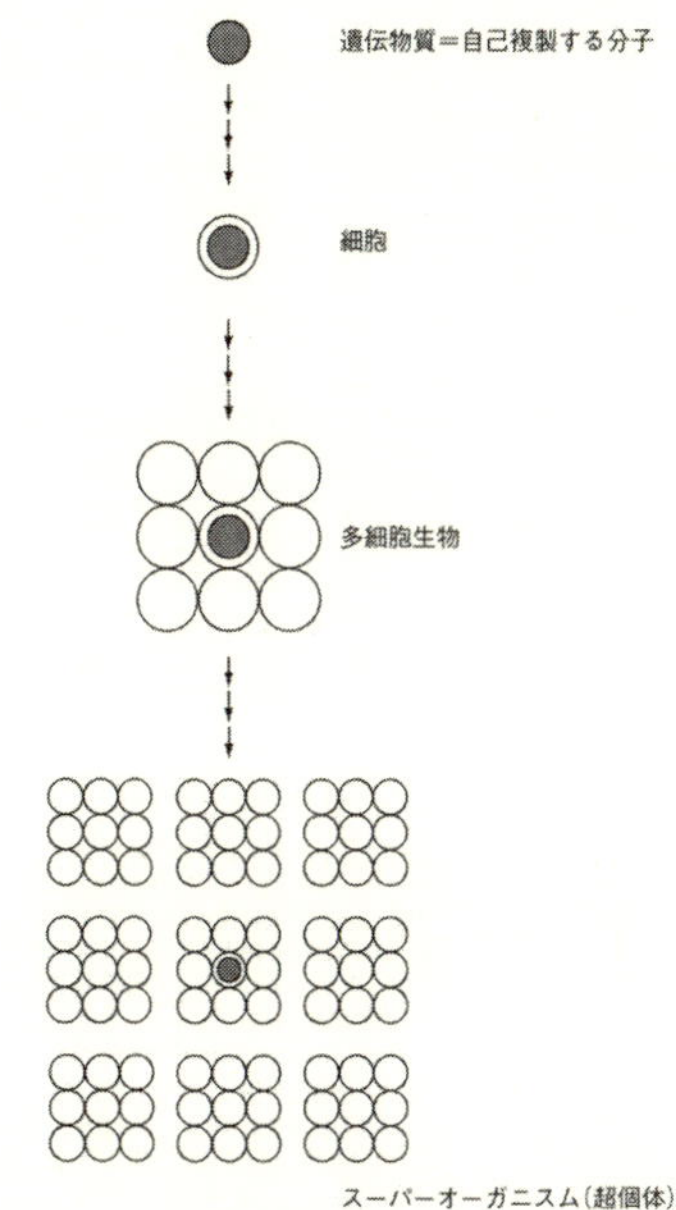

図5-15　超個体（スーパーオーガニスム）の模式図

ミツバチのこの生活はどのようにして出現したのでしょうか。未受精卵から一倍体の雄が、受精卵から二倍体の雌が生まれる遺伝的条件が、今日の女王バチのもとで働きバチが営む共同生活の技術的必要条件であったと考えられています。そして世代交代の時に精子と卵子の受精がおこなわれ、遺伝子の組み合わせや変異が導入されます。このことは超個体の成立後も生物進化の波に晒されていることを意味します。

第四章で、生命体の生きている真の姿は、「個体にある様々な細胞は同じ遺伝子をもっているだけではなくその働きを共有していることにある」と述べました。それは個体を構成する細胞間のコミュニケーションであると言い換えることができます。同じことがミツバチのコロニーにも適用できると考えられます。ミツバチはコミュニケーションを通してコロニー、超個体を形成しています。超個体も生命の形態の一つであると納得するのです。

あとがき

本書では〝いのちあるものの不思議〟について、私が多くの方々と共に学び、積み重ねてきた研究成果をもとに述べました。生命現象のなかでも私たちがかろうじて理解しつつある個体、器官、細胞のかかわる現象について、その本質を理解しようと問題を整理しながら述べました。

生命現象の特徴は「自己複製能」にあると考えています。しかしその仕組みをもう一度見直してみると、生命体は「自己複製」を実現し、継続、発展させるシステムであることに気がつきました。そして「自己複製」の「現実化」には「コミュニケーション（伝達）」が不可欠です。それは細胞内で反応するたくさんの分子間の会話、あるいは細胞や組織間の会話と見ることができると思われました。そこで「自己複製」の実現に働いた「コミュニケーション」を、生命の発生から超個体の世界までを貫く中心テーマとして述べました。

「生命はコミュニケーション」の基本は、生命が発生するときに自己複製できるRNAとその複製反応をより安定に支えるアミノ酸の複合体（ペプチド）が連携することによって可能になったと解釈しました。細胞ができ上がると、その中の多くの構成分子間のコミュニケーションにより、複雑でより安定な細胞を構築することに役立ちました。さらに多細胞生物が出現すると、それまでに加えて細胞間、組織間のコミュニケーションが生まれて、より複雑で高等な生命体の出現を可能にしました。そして最後に述べたように、超個体の出現は構成個体間のコミュニケーションの発達によって支えられていることがわかりました。

以上のように、「生命はコミュニケーション」はひと言で述べると、生命体を構成している分子間、細胞間、個体間のコミュニケーションに依存しています。しかし「ひと言で言ってしまうと大切なことが見逃されてしまう」と述べることも重要でした。なぜならそれは現象論であって、それが成立する過程、ほとんど無数の失敗とわずかな成功のうえに成り立っている生命体の謎の本質が、見過ごされてしまうおそれがあるからです。

いざ本書の著作を進めてみると、二十世紀半ばの遺伝子、DNAの発見から分子生物学を中心に急速に発展した生命現象に対する理解が、二十一世紀に入る頃にはほぼ完成したと考えていた自分の未熟さが徐々に明らかになってきました。生命現象は謎だらけです。

物理学者、武谷三男が編纂した『自然科学概論』（全三巻）における、現象論的理解、実体論的理解、本質論的理解のいわゆる自然科学認識の三段階論がときどき頭をよぎり、生命の本質論的理解にはまだまだ遠いと考えさせられました。

本書を書きながら、私が教えを受けた先生たち、あるいは国の内外を問わず共同研究をした方々が、みな真実の追求に真摯であったことをいまさらながら身にしみて感謝しています。それは高名な教授がすべてをうまく説明しようとするあまり、ともすれば弟子たちに付け入る隙を見せないようにする講義とは正反対のものでした。そのことは、未熟でありながらも自分で問題を設定し研究に突き進むことの勇気となりました。そしてそれにいつの間にか取り込まれていったのです。その成果の一部がこの本です。

それは高等学校の生物学の教師であった松山忠先生が始まりでした。先生は教科書の内容で辻褄が合うように繕った点を見逃さず、「このような〝偉い先生〟のいる大学へは行くな、動植物の本当に不思議なこと、面白いことを学べる大学へ行け」と言われました。受験を前に二人で進むべき大学を選別しました。これが出発点でした。私が進んだ大学や留学先で、先輩はみな若輩の考えを尊重してくれました。

本書で述べたことは不完全であったり、偏っていたりするかもしれません。しかし重要なことは、これを読んだ人が一人でも多く生命現象の謎に興味をもってその問題を気に留めてくれることだと思っています。

末尾になりましたが、お世話になった方々の名前と当時の所属を挙げて感謝の意を表します（敬称略）。森健志、山本時男、岡本尚（名古屋大学理学部生物学教室）、Jacob Reinert (Freie Univ. Berlin Pflanzenphysiologisches Institut)、Walter Messer (Max-Planck Institut f. Molekulare Biologie, Berlin)、Hans J. Gross、Hildburg Beier、Jurgen Tautz (Würzburg Univ. Central Institute of Biochemistry)、勝田甫、高岡聡子（東京大学医科学研究所）、三宅端、松本洋一（三菱化成生命科学研究所）、小山洋一、澤田誠、細谷弘美、松井太衛、亀山俊樹、角川祐造、田中正彦、松下文雄（藤田保健衛生大学総合医科学研究所）。

さらに本書を仕上げるに当たって、原稿を丁寧に読み、帯の推薦文を書いてくださった三菱化成生命科学研究所の先輩、中村桂子氏（現ＪＴ生命誌研究館館長）、および原稿を読みやすくしてくださった青土社編集部の足立朋也氏に感謝の意を表したいと思います。

二〇一七年十二月

丸野内棣

注

第一章　細胞は生命体のユニット

1　細胞骨格：微小管の外に、アクチンフィラメントや中間径フィラメントがある。

2　中心体：核の近くに存在する微小な（長さ〇・五マイクロメートル、直径〇・二マイクロメートルの円筒形二個が直行）オルガネラ、主成分はチューブリンとCa^{++}結合タンパクなど。自体細胞周期に沿って複製するが、その詳細は不明。微小管の形成、とくに核分裂時に紡錘体の起点となる。微小管と共に古細菌由来することが興味深い。

3　遺伝子、DNA、ゲノム、ゲノムサイズ、遺伝情報：遺伝子は生物の遺伝的性質を決めている本体である。その化学物質はデオキシリボ核酸（DNA）で、それを構成する塩基の配列が遺伝情報を担っている。生殖細胞のもつ一組の染色体、あるいは遺伝情報の総数をゲノムという。そのDNAを塩基対数で表示したものをその種のゲノムサイズという。真核細胞のDNA全てが遺伝情報をもっているわけではない。ヒトのDNAでは約二〇％が遺伝子。遺伝情報は三文字の塩基が一アミノ酸に対応すること。どのようにして決まったかは謎である。

4　転写：DNAの塩基配列が写し取られてRNA鎖が形成されること。その際、塩基Aに対する相補的塩基としてTの代わりにU（ウラシル）が使われる。また、DNAのデオキシリボース（糖）に対してRNAではリボース（糖）が使われる。

5　転移RNA（tRNA）：図1‐10および図2‐2を参照。

6　DNA塩基配列決定法：今日では少量のDNAをクローニングし、PCR法という方法で増幅し、高速液体クロマト法で速やかにかつ正確に塩基配列を決定できる。それでマンモスの化石から採取された少量のDNAの正確な塩基配列を知ることもできる。

7　遺伝子数：実際に遺伝子が転写された一個のコピーからスプライスされて場合により複数種のmRNAができる。したがって一つの遺伝子から複数個の（酵素などの）遺伝子産物ができる。それを計算すると、遺伝子数は二十―三十万になるという。

8　ｔｓミュータントの選択：変異誘発剤で処理後、培地に^{3}Ｈ‐チミジンを加え、三九℃で数時間培養する。野生型の細胞は三九℃でも^{3}Ｈ‐チミジンを取り込むことができる。^{3}Ｈ‐チミジンを培地から除いた後三三℃に下げて培養を続けると、野生型は取り込んだ放射能の影響で死ぬ。生き残りからＳ期に入ることのできない細胞を選択する。この方法は自殺法と呼ばれた。

9　ＣＤＫ：サイクリン依存性キナーゼ（cyclin-dependent kinase, ＣＤＫ）は歴史的には最初にハートウエル（L. H. Hartwell）等による出芽酵母のｔｓミュータントを用いた研究により発見され、まもなく動物細胞の類似のｔｓミュータントを用いた研究でも発見された。

10　シグナル伝達経路：細胞内に張り巡らされたシグナルの情報伝達網のこと。大都市の交通連絡網のように、ある反応のスタート地点からたくさんの連絡網を乗り継いで目的地点まで達する。細胞内に導入された化学変化がキナーゼ類、ホスファターゼ類などのいろいろな酵素やその基質およびセカンドメッセンジャーなどに伝達され目的地点である遺伝子の発現などに到達する。第四章参照。

第二章　生命は非生物から生じた

11　「生物は負のエントロピーを食べている」：自然界の事象は全て秩序ある状態から無秩序な方向へ変化する。この変化を熱力学第二法則ではエントロピーが増大するという。この考えに則って生物の世代から世代へ秩序が維持されている様子を見ると、まるで「生物は負のエントロピーを食べている」とシュレディンガー博士が述べたと言われている。

12　スプライシング：前駆体ＲＮＡの中の介在配列（イントロン）を除き、その前後の必要なＲＮＡ（エキソン）を結合する反応。

13　リボザイム：触媒活性をもつＲＮＡ。ＲＮＡ酵素ともいう。リボ核酸とエンザイム（酵素）の合成語。

14　ペプチドも核酸も存在が不確かな時代に両者の構造をもち合わせた化合物が存在するとは一見矛盾を感じるかもしれないが、これは私たちが教科書で習った順と、自然界に出現した順が一致するとは限らないことの例と考えられる。

15　アミノ酸とアンチコドン：実験的にはアミノ酸とそのコドンの塩基配列をもつＲＮＡに親和性があるとの報告があるという。

16　ＤＮＡ複製に必須のプライマー：ＤＮＡ合成酵素は5’から3’方向にのみ複製し、最初にOH基を必要とする。そこで複製の開始時には、OH基を必要としないRNA合成酵素が鋳型となる3'端DNA鎖に相補的に適合する短いRNA鎖を5'から3'方向へ合成すると、続けてDNA合成酵素が相補鎖を延長合成する。最初の短いRNA鎖をプライマーといい、後にDNA鎖に置換され、前後のDNA鎖は繋がる。もう一方のDNA鎖（3'から5'へ）は方向が反対である。そのため三〇〇塩基ほど遊離した塩基に逆方向（5'から3'へ）に合成が起こる。また、複製途中のDNA鎖には前後の結合していない多くの短鎖DNAがたくさん発見された。この短いDNA鎖を発見者である岡崎令治の名に因んでオカザキ・フラグメントという。

17　テロメラーゼ：DNA合成酵素の性質上染色体の最末端部分の3'端を5'端より長く維持する必要があり、その部分の相補的塩基配列のRNAを内蔵する特別なDNA合成酵素。

18　ncRNA（noncoding RNA）：広義には転写産物のRNAのうちmRNAを除く非翻訳RNA全てを指す。しかし、近年スプライシング作用のあるsnRNAやRNAによる干渉現象（RNAi）が発見されてから、主にその現象と関係のある二十一―二十三塩基のsiRNA、miRNA、および核小体のsnoRNAを指す。mRNAと類似だが機能の不明なmRNA-like ncRNAもある。

第三章　核をもつ怪物細胞の出現

19　ヒストン：DNAと複合体を形成する五種の塩基性タンパク質（H1、H2A、H2B、H3、H4）。古細菌由来の塩基性タンパク質が起源とされている。

20　ヌクレオソーム：四種の塩基性タンパク質、ヒストン（H2A、H2B、H3、H4）各二分子、計八分子が円筒形の複合体（直径十一ナノメートル、高さ五・五ナノメートル）を形成し、これに二重螺旋構造のDNA（直径二ナノメートル）が巻き付いたもの。糸状のDNAが一定間隔でヒストンに巻き付き、まるでビーズを糸で繋いだ状態となる（図1・5参照）。ビーズとビーズの間のDNAにはヒストンH1が結合している。

21　独立栄養生物と従属栄養生物：細胞内のすべての有機代謝産物を、CO_2を唯一の炭素源として合成し、生活する生物を独立栄養生物といい、体外から有機物質を取り込んで炭素源とするものを従属栄養生物という。

22　遺伝子の平行移動：細菌の世界では近隣の細菌のDNAが侵入することは知られている。他の遺伝子が入って来ると極端な場合には種が変わってしまう。そこで自己のDNAと他種のDNAを識別して自己を守るために、微生物ではDNA鎖の特定塩基を修飾し、あるいは特定塩基配列を切断する制限酵素系が発達したとされている。この現象は今日、遺伝子工学の分野で積極的に利用されている。

23　中心体：核分裂の先導役。古細菌由来で有糸分裂につながっている。注2参照。

24　シグナル伝達経路：図1 - 13参照。キナーゼ類、ホスファターゼ類、セカンドメッセンジャーなどの分子群などが含まれる。これに対し多彩な細胞で構成されている多細胞生物が個体の統一性を維持しているのは個体内の細胞間のシグナルの授受によっている。シグナルの種類はホルモン、増殖因子類、サイトカイン、神経分泌物質など多種ある。各細胞はそれぞれに特有のシグナルの受容体分子を細胞膜上にもち、シグナルを受け取るとそれを細胞内の伝達機構を通じて増殖、分化、機能発現など適切に対応する。

第四章　動物の世代交代

25　減数分裂：DNA複製後、核分裂が連続して二度起こり、染色体数が半減する。なぜ特定の細胞で特定の時にだけ起こるのか、続けて起こる二度目の分裂の紡錘体形成に謎の鍵（シュゴシンタンパク）があるらしいことなどの解析が少しずつ進んでいる。減数分裂時には相同染色体間の交差（自然の遺伝子組み換え）の頻度が増加する。

26　BMP：bone morphogenetic protein（骨形成因子）の略。BMP4は約十五種あるこの遺伝子群の一つ。いずれも分泌性で骨形成以外に神経系誘導など多面的に働く。BMPが受容体に結合すると、キナーゼが働きSmad遺伝子群を介してシグナル伝達経路が作動する。

27　モルフォゲン：モルフォゲンは胚のある部分の細胞で合成されてそれが分泌され、周囲の細胞の受容体に吸着し、その指令が核に伝わって眠っていた遺伝子の転写を引き起こす。モルフォゲンの作用には誘導を受ける細胞側にもモルフォゲンを受け止めそれに反応する体勢が整っていることが必要である。なおモルフォゲンとは形態を創るもとになる物質という意味である。なおヒトの遺伝子は約二万二〇〇〇個で、その中にはモルフォゲンとして働く遺伝子、シグナル伝達経路で働く遺伝子などが多数含まれていることが解っている。

28　Sox遺伝子：HMGタンパク質に親和性をもつ転写因子の遺伝子グループ。マウスでは二十種以上あるとされ、初期胚発生過程で細胞分化に重要な役を果たす。

29　シュペーマンの形成体：歴史的には一九二四年、シュペーマン等がイモリの胚発生実験で原口背唇部に原腸形成をリードする能力のあることを発見し、この部域を形成体（オーガナイザー）と名づけた。その後六十年ほど経ってから中心的なB

ＭＰ、chordin遺伝子が発見された。

30　ホメオティック遺伝子：動物の頭尾軸、遠近軸に沿った形態の基本の決定にかかわる。例えば菱脳、脊椎、四肢などの領域特異的形態の形成を制御する。この遺伝子の起源は古く植物にも存在し、蕚、花弁、雌蕊、雄蕊の形成を制御する。

31　平均棍：翅の相同器官で、ショウジョウバエでは胸部中央に形成される。飛翔の際の平衡感覚の維持に必要とされている。

32　母性効果遺伝子：ナノス（nanos）も母性効果遺伝子の一つで、そのタンパクは胚の後部に局在し始原生殖細胞を造ることにかかわっている。他にも背腹軸の起因となるトル（Toll）などがある。

33　背腹軸の形成に働く遺伝子：Dorsal（背側）はこの遺伝子が変異すると細胞が腹側ではなく背側の性質を示すことから名づけられた。ショウジョウバエのDorsalのｍＲＮＡは母性効果遺伝子である。Dorsalタンパク質は腹側で作用する遺伝子の転写を促進し、背側で作用する遺伝子を抑制する。反対に背側の細胞では別の遺伝子の転写が促進される。Dorsalは脊椎動物の転写調節因子、NF-kBと類似の構造をもち、その下流で作用する遺伝子もショウジョウバエと脊椎動物でその塩基配列が類似している。

34　シナプス結合：神経細胞同士の、あるいは神経細胞と筋細胞との接続部位の少し膨らんだ構造。前方の細胞が特異的な伝達物質を合成し、それを分泌すると、後方の細胞が受容体で受け止め反応する。伝達は一方通行である。

35　グリア細胞：未分化な神経細胞から最後に分化し、神経細胞に付随し、神経細胞の分化や機能調節、栄養補給などをする。アストログリア、オリゴデンドログリア、ミクログリアなど多種あり働きも複雑である。

36　シグナル伝達経路：全ての細胞に複数存在する細胞にとって重要な生化学的反応経路。多細胞生物は基本的に周囲（の細胞）からのシグナルを細胞膜にある受容体が受けて反応を開始する。受容体の変化が次の分子に渡され、その変化が次々に伝達し、最後は核内の必要遺伝子の転写を促進（または抑制）する経路である（図１‐13、および注24参照）。

37　Smad遺伝子群：増殖因子、ＴＧＦ‐βのシグナルを細胞内で伝達するシグナル伝達経路上の分子。哺乳類では八種知られている。

38　ＳＨＨ（Sonic hedgehog）遺伝子：ＳＨＨタンパクはモルフォゲン（分泌タンパク）で様々な器官の形成を制御する。とくに神経の形成、四肢の小指から親指へ濃度勾配に従う制御はよく知られている。

39　ガードンのこの部分の記述はあまり注目されていないように見えるが、ひょっとすると不可逆過程の初期化は多段階で起こるという重要な事実を示唆しているかもしれない。すなわち小腸上皮細胞から若い胚の細胞への初期化と、若い胚の細胞から多能性幹細胞への初期化には異なった反応系が必要になっていることを意味している可能性がある。重要なことは段階を適切に遡及すれば幼弱な胚細胞に戻ることができる可能性があることである。

40　胚性幹（ＥＳ）細胞：ＥＳ（embryonic stem）細胞ともいう。哺乳動物の胞胚期にあたる胚盤胞の内部細胞塊を体外に取り出し、分化多能性を保持した状態で培養可能にした細胞。適切な条件で培養すると神経や筋など望みの細胞に分化させることができる。

41　内部細胞塊：哺乳動物の胚盤胞期の内部に形成した細胞塊。他の動物の胞胚期に相当する。多分化能の維持にはｉＰＳ細胞の作成に用いられたSox2が必須。

42　骨髄細胞の分化誘導：私たちも電気生理学的、形態学的に確実な神経細胞を分化誘導できた。実験の成功には分化誘導前の細胞培養管理が重要である。

43　ｉＰＳ（誘導多能性幹、induced pluripotent stem）細胞：成体から得られた培養細胞に四遺伝子を導入して培養し、ＥＳ細胞と同じようにいろいろな細胞に分化可能な性質をもつ細胞に変化させた細胞。ｉＰＳ細胞は元の個体の同じ移植抗原を保持しており、分化後移植可能。

第五章　個体を超えた生命体

44　『ミツバチの世界——個を超えた驚きの行動を解く』Ｊ・タオツ（著）、丸野内棣（訳）、丸善、二〇一〇年。

45　ロイヤルゼリー／姉妹ミルク：王乳ともいう。羽化後間もない若い働きバチが分泌するゼリー状の物質で、上質のものは糖度も高く（三五％）成虫まで与え続けると女王バチが育つのでとくにロイヤルゼリーという。その成分には下咽頭腺から分泌されるタンパク質と大顎腺から分泌される10‐ハイドロキシデセン酸が含まれている。女王バチは成虫になってもロイヤルゼリーを与え続けられる。働きバチの幼虫には始めは女王バチの幼虫と同じロイヤルゼリーが与えられるが、後半その成分の花粉と蜜が増加した糖度の低い（一〇％）ものが与えられる。幼虫の姉にあたる働きバチが与えるのでこれを一般的に姉妹ミルクと呼ぶ。

図版説明

第一章　細胞は生命体のユニット

図１・１　繊維芽細胞が培養容器に接着して広がった電顕像の模式図：①細胞膜（厚さ約五ナノメートル、リン脂質とタンパク質を主成分とする）、②核、③粗面小胞体（リボソームを結合し、合成したタンパク質をゴルジ体へ）、④滑面小胞体（脂質の代謝、Ca^{++}濃度の調整）、⑤ペルオキシソーム（細胞に有害な過酸化物を分解）、⑥リソソーム（内部は弱酸性で約七十種の加水分解酵素を含む）、⑦ゴルジ体（新合成タンパク質を修飾）、⑧分泌小胞、⑨エンドソーム（細胞膜の一部が陥入し、外の分子を取り込む）、⑩リボソーム（ｍＲＮＡの塩基配列をアミノ酸配列に翻訳）、⑪微小管（チューブリンが重合した中心的細胞骨格）、⑫中心体（自己複製能を有し、紡錘体の形成に関与）、⑬中間径フィラメント、⑭アクチンフィラメント（細い繊維の細胞骨格）、⑮核小体（仁、リボソーム生合成の場）、⑯クロマチン（ＤＮＡ、ヒストンなどを主成分とする核物質）、⑰ミトコンドリア。（FRI.から改変。）

図１・２　細胞膜の断面図と脂質分子の拡大模式図：リン脂質分子を拡大すると、頭部は電荷をもつリン酸とコリン、脚部は二個の長い脂肪酸がグリセリンに結合。水溶液中でリン脂質は親水性の頭部が上下外側に並んで二重層を形成し、疎水性の脚部が内側にパックされて水を追い出している。（FRI.から改変。）

図１・３　タンパク質合成とその分配：リボソームで合成されたタンパク質分子が細胞の各所へ分配される様子。下図左側では粗面小胞体のリボソームで合成されたタンパクはゴルジ体を経て細胞膜、リソソーム、細胞外へ。下図右側ではフリーのリボソームで合成されたタンパクは核、ミトコンドリア、葉緑体、ペルキシソームへ。（FRI.）

図１・４　ミトコンドリアの模式図とＡＴＰ生産：(a)ミトコンドリアの断面図（電子顕微鏡像の模式図）。(b)電子伝達系の模式図。マトリクスのクエン酸回路でできた還元型NADHから電子が内膜（クリステ）上の電子伝達系に渡され、三種のプロトン（H^+）ポンプによりプロトンの濃度勾配が形成される。最後にＡＴＰ合成酵素が働く。（FRI.）

図１・５　遺伝子の核内における様々の凝集状態：上から順に裸のＤＮＡ、ヒストンとヌクレオソームを形成、ヌクレオソー

ムが弱く凝集、クロマチンが徐々に強く凝集、より強く凝集したクロマチン、M期の染色体。二段以下全体をまとめてクロマチンという。（FR1.）

図1‐6　DNAの模式図：塩基対の並び方には5'から3'へ方向性がある。二本の鎖は互いに反対方向を向いている。どちらに注目するかで塩基配列は全く異なったものになる。(a)二重螺旋構造。(b)塩基対部分の拡大図。水素結合により塩基対が形成される。塩基対の距離は約一ナノメートルで一定。（FR2.）

図1‐7　DNA複製の模式図：(a)右側の鎖が鋳型となる親DNAで、左側が合成されつつある子DNA鎖。DNA合成酵素（図では省略）が親の塩基と相補鎖を作るヌクレオチド三リン酸を結合させヌクレオチド鎖を伸ばす。(b)親鎖をもとに子鎖が二本、孫鎖が四本、ひ孫鎖が八本複製された時の模式図。（FR1.）

図1‐8　セントラルドグマの模式図：(a)遺伝子DNAからタンパク質までの情報の流れの模式図。DNAの遺伝子部分がRNAに転写され（一次転写RNA）、それがスプライシングなどの修飾を受けてmRNAとなって核外に輸送され細胞質のリボソーム（図示していない）でタンパク質に翻訳される。DNAと一次転写RNAの白抜き部分はイントロンで除去され、黒塗り部分のエキソンが結合してmRNAとなる。(b)ある遺伝子Xのプロモター部位（TATA-boxともいう）にRNAポリメラーゼが結合し、転写が開始されるところの模式図。主として遺伝子の上流に複数の転写調節因子が結合している。（FR1.）

図1‐9　遺伝コード（遺伝暗号表）：mRNAの塩基三文字（コドン）に対応するアミノ酸を示す。たとえば、表中上段左端の塩基三文字UUUはアミノ酸のPhe（フェニルアラニン）で対応する。同じく上段右端のUGUはCys（システイン）を指定するコード。表中三個の終止コドン（UAA、UAG、UGA）は翻訳の終止を示す。

図1‐10　タンパク質合成の中心反応：(a)アミノアシルtRNA合成酵素（図中左端の灰色部）がATPのエネルギーでトリプトファン（Trp）とtRNAを結び付けTrp-tRNAができ（中央）、それがmRNAと塩基対を形成（右端）。(b)（上から二番目）Trp-tRNAのアンチコドン（3'ACC5'）とmRNAのコドン（5'UGG3'）がリボソーム上で相補的結合をした後、Trpがリボソームの酵素作用により（左隣の）フェニルアラニン（Phe）に結合する。リボソームが右に三文字ずれてtRNAが一個はずれ、新しいコドンCAG（グルタミンのコドン）が露出する（四番目）。以下同様の過程が繰り返されてアミノ酸が順次結合する。（FR1.）

図1‐11　細胞周期の模式図：(a)周期上の主な出来事。(b)細胞周期とサイクリン／CDKの関係。この図では各期に特異的なサイクリン（D、E、A、B）とCDK（四／六、二、一）分子が結合して作用することが示されている（D、E、A、Bは

サイクリンの正確な名称）。（FR1, FR2.）

図1・12　セルソーターを用いた細胞集団の解析：(a)野生型（wt）の解析。細胞周期中G_1期は長く、S、G_2、M期は短いので細胞周期の構成は図のようになる。横軸は、各細胞のもつDNA量の相対値（G_1期を1、M期を2とする）。縦軸は、各値のDNA量をもつ細胞数。G_2／M細胞のDNA量の相対値は区別ができない。(b)非許容温度ではG_1期に停止するミュータントの解析。上段は、許容温度では左の野生型と類似のパターンを示す。下段は、非許容温度でG_1期に停止。（(a)はFR1.／(b)は原図。）

図1・13　シグナル伝達経路の模式図：細胞表面のEGF受容体に上皮増殖因子、EGFが結合すると受容体は活性化されて二量体を形成し、近くのGタンパク質（Ras）を活性化する。次にリン酸化カスケード（MAPキナーゼ）が順に活性を伝達して最後に転写因子を活性化して核内に送る。（FR3. から改変。）

第二章　生命は非生物から生じた

図2・1　人工合成RNAのリボザイム（酵素）作用のイメージ図：(a)自分と異なるRNA分子の合成を触媒するリボザイム。(b)自分と同じRNA分子の合成を触媒するリボザイム。（FR1.）

図2・2　tRNA分子の前駆体：(a)シロイヌナズナのチロシンを結合するtRNAの前駆体。自己消化で十二個の介在配列を除きtRNAを完成する。(b)自己消化後のゲル電動泳動。短いRNA断片は速く、長い断片は遅く泳動する。上段（A）はpre-tRNA。中下段（BC）はi1〜i12（介在配列）を含む断片、下段（DE）はそれを含まない断片。（FR4.）

図2・3　AEG、PNA、RNAの模式図：(a)N-（2-アミノエチル）グリシン（AEG）。(b)ペプチド核酸（PNA）。(c)RNA。

第三章　核をもつ怪物細胞の出現

図3・1　光合成細菌の出現と酸素濃度の増加：（FR1.）

図3・2　先カンブリア紀の動物胚の化石：中国、ドウシャントウの地層から。（FR5.）

図3・3　水素細菌と古細菌のキメラ状共生から真核細胞への代謝の変遷：(a)水素細菌（左）と古細菌（右）の通性嫌気性条

件での生存。(b)古細菌の水素細菌片利的共生。(c)水素細菌の細胞内共生。遺伝子の平行移動が起こる。(d)水素細菌はミトコンドリアへ。古細菌は有機物質を好気的代謝。（FR6.）

第四章　動物の世代交代

図4-1　哺乳動物の精子の形成：(a)精細管の断面図。(b)拡大図。（FR1.）

図4-2　ヒトの母体内での受精と初期胚の形成：①排卵直後の卵、②受精、③受精直後の卵。卵の減数分裂、雌雄核独立にDNA複製。④⑤受精卵の最初の分裂、⑥桑実胚、⑦胞胚、⑧胚盤胞、⑨着床。（FR7.）

図4-3　カエルの生活環：(a)カエルの一生。（時計表示で）十一―一時は卵割、二―三・五時は原腸形成、四―七時は神経胚など形態形成、八時は孵化（hatching）、八・五―九時は変態（metamorphosis）、九・五時は成熟（maturation）、十時は受精（fertilization）。(b)神経胚の拡大図。（(a)はFR8.から改変。／(b)はFR9.）

図4-4　原腸陥入とオーガナイザーによる二次胚の形成：(a)原腸形成の拡大図。最初に陥入した細胞がビン形に変形し、後続の細胞の陥入を促進。(b)オーガナイザー部位を他の胚に移植し二次胚を形成。（FR1.）

図4-5　ハエのホメオティック変異：(a)アンテナペディア（上は野生型、下は変異型）。(b)ウルトラバイソラックス（上は野生型、下は変異型）。（FR8.）

図4-6　ショウジョウバエの発生過程を制御する遺伝子群と胚における発現：(a)発現している遺伝子名。矢印は転写制御の活性を示す。(b)各遺伝子群の発言位置（各遺伝子名のタンパク質に対する蛍光抗体で染色）。（FR1.）

図4-7　ホメオティック遺伝子群の比較：(a)ナメクジウオ、(b)ショウジョウバエ、(c)マウスの体形とその発現模式図。(d)各ホメオ遺伝子群の発現する部位は頭から尾の方向へ右から順に並んでいる。図中央は上からショウジョウバエ、仮想共通祖先、ナメクジウオ、マウス（A、B、C、D群）のホメオ遺伝子がほぼ等しい順に並んでいる。これはマウスのHox aのa1〜a10とも等しい。

図4-8　神経細胞：(a)ヒトの神経細胞。(b)シナプスの拡大図。（FR11.から改変。）

図4-9　神経細胞の形成：(a)胚の神経管の背側（蓋板とその周辺）からBMP、腹側の脊索と底板からShhが分泌される様子（胚の時期）。(b)背側の脊髄神経節から感覚ニューロンの突起、腹側の神経節から運動ニューロンの突起が伸長する様子。(c)それらが筋肉あるいは皮膚に到達した完成図。（(a)はFR1.／(b)、(c)はFR9.）

図4-10　ヒト初期胚の脳神経の模式図：(a)二十体節期胚の頭部（妊娠約三・五週目）。(b)体長十七ミリ期胚の頭部（妊娠約七週目）。（FR9.）

第五章　個体を超えた生命体

図5-1　マイクロチップを装着した働きバチ：働きバチにマイクロチップを装着しGPSシステムで個々の行動を記録し解析する。（FR12.）
図5-2　巣板上の区割：巣板の中心部（図右下）では幼虫を育て、その外側の同心円状の巣房に花粉を集積し、さらに外側（左上）に蜜を蓄えている。これは働きバチたちが決めている。（FR12.）
図5-3　王台と新女王バチの誕生：(a)王台は女王バチ用の特別の巣穴で、巣板の下方に数個作られる。(b)女王バチの卵は働きバチと同じく雌で二倍体、孵化後一貫してロイヤルゼリーを与えられ、働きバチより三日間早く羽化する。（FR12.）
図5-4　ワックスの分泌：（上）働きバチは自らワックスを分泌し、巣の材料にする。（下）ミツバチの巣作りで時折見られる建築祭、ある種の文化？（FR12.）
図5-5　女王バチの産卵：体のひときわ大きい中央の女王バチが周囲の働きバチに案内されて巣房に下腹部を挿入して産卵しようとしている。（FR12.）
図5-6　ミツバチの卵といろいろなサイズの幼虫：（FR12.）
図5-7　サークルダンス：近くの花場を示す。（FR12.）
図5-8　尻振りダンス：遠方の花畑の方角と距離を示す。（FR12.）
図5-9　蛹の保育：(a)蛹のいる巣房の隣に発熱バチがもぐって発熱している。(b)蛹と発熱バチのいる部分の温度を測定。白字のx、y、zはハチが入っている巣房、星印は蛹の位置で温度は三十七—三十九℃。（FR12.）
図5-10　働きバチによる蛹の加熱：蛹の巣房の蓋の上で発熱するハチ。（FR12.）
図5-11　働きバチによる送風：（FR12.）
図5-12　ミツバチによる振動：六本足で巣房にとまり体を振動させる働きバチ。（FR12.）
図5-13　巣房の位置による特異な振動：ミツバチが起こす振動を測定器で測ると位置により特異なパターンが得られる。上から二段目だけが反対向きの振動をする。（FR12.）

図5‐14　ダンス語による会話と振動による通信：(a)写真中央のハチが花の位置を知らせる〝尻振りダンス〟をすると、周囲のハチが触角でダンサーに触れ、振動の期間と方向から花の位置を知る。(b)写真中央のハチが〝尻振りダンス〟すると、白く縁取られた巣房に触れているハチが振動からダンサーの位置を察知し、暗い中彼女のほうへ歩み寄り、(a)の中央のハチに触角で触れダンス語を理解する。(FR12.)

図5‐15　超個体（スーパーオーガニスム）の模式図：多細胞生物で中央の斜線の円は生殖細胞、白マルは体細胞を表す。下の図はミツバチのコロニー集団を示しており、中央の個体は生殖能をもつ女王バチを、周囲の白マルは働きバチを表している。なお最上の円は細菌、次は単細胞を表している。(FR12.)

図の引用文献

FR1.『細胞の分子生物学　第四版』中村桂子、松原謙一（監訳）、ニュートンプレス、二〇〇四年。

FR2.『最新バイオ用語辞典』廣川秀夫、丸野内棣（著）、講談社、二〇一一年。

FR3.『生命科学　改訂第二版』東京大学生命科学教科書編集委員会（編）、羊土社、二〇〇八年。

FR4. Another heritage from the RNA world: self-excision of intron seqences from nuclear pre-tRNA. Beir, H. and Gross, H. J. *NAR*, 24, 2212-2219. 1996.

FR5. Fossil Embryos Hint at Early Start for Complex Development. Unger, K. *Science*, 312, 1587. 2006.

FR6. The hydrogen hypothesis for the first eukaryote. Martin, W. & Mueller, M. *Nature*, 392, 37-41. 1998.

FR7.『わかりやすい解剖生理――構造と機能への入門　第二版』A・フォーラー、M・シュンケ（著）、石川春律、外崎昭（訳）、文光堂、二〇〇一年。

FR8. *Developmental Biology 3rd Ed.* Scott, F. G. Sinauer Associates Inc. 1991.

FR9.『パッテン発生学』B・M・カールソン（著）、白井敏雄（監訳）、西村書店、一九九〇年。

FR10. Archetypal organization of the amphioxus Hox gene cluster. Garcia-Fernandez, J. & Holland, P. W. H. *Nature*, 370, 563-566. 1994.

FR11. *Principle of Neural Science 4th Ed.* Kandel, E. R., et al. McGraw-Hill Comp. 2000.

FR12.『ミツバチの世界――個を超えた驚きの行動を解く』J・タオツ（著）、丸野内棣（訳）、丸善、二〇一〇年。

参考文献

総　合

R0-1. *Developmental Biology 9th Ed.* Scott, F. G. Sinauer Associates Inc. 2010.

R0-2. *Principle of Neural Science 4th Ed.* Kandel, E, R, et al. McGraw-Hill Comp. 2000.

R0-3.『細胞の分子生物学　第四版』中村桂子、松原謙一（監訳）、ニュートンプレス、二〇〇四年。

R0-4.『新生理学　第四版』小幡邦彦ほか（著）、文光堂、二〇〇三年。

R0-5.『パッテン発生学』B・M・カールソン（著）、白井敏雄（監訳）、西村書店、一九九〇年。

R0-6.『最新バイオ用語辞典』廣川秀夫、丸野内棣（著）、講談社、二〇一一年。

R0-7.『生化学辞典　第四版』今堀和友、山川民夫（監修）、東京化学同人、二〇〇七年。

R0-8.『分子細胞生物学辞典　第二版』村松正實ほか（編）、東京化学同人、二〇〇八年。

R0-9.『生物学辞典　第三版』山田常雄ほか（編）、岩波書店、一九八三年。

R0-10.『南山堂医学大辞典 第十七版』南山堂、一九九〇年。

第一章　細胞は生命体のユニット

R1-1.『生命を探る　第二版』江上不二夫（著）、岩波新書、一九八〇年。

R1-2.『ノーベル賞の光と陰　増補版』科学朝日（編）、朝日新聞社、一九八七年。

R1-3. An integrated encyclopedia of DNA elements in the human genome. The ENCODE Project Consortium. *Nature*, 489, 57-71. 2012.

R1-4. Architecture of the human regulatory network derived from ENCODE data. Gerstein, M. B., et al. *Nature*, 489,

91-100. 2012.
R1-5. The long range interaction landscape of gene promoters. Sanyal, A., et al. *Nature*, 489, 109-115. 2012.
R1-6. Studies on the sulfite-dependent ATPase of sulfur oxidizing Bacterium, *Thiobacillus tiooxidnas*. Marunouchi, T., et al. *J. Biochem*, 62, 401-407. 1967.
R1-7. Decrease in uH2A(protein A24)of a mouse temperature-sensitive mutant. Matsumoto, Y., et al. *FEBS Letters*, 151, 139-142. 1983.

第二章　生命は非生物から生じた

R2-1.『生命とは何か――物理的に見た生細胞』E・シュレーディンガー（著）、岡小天、鎮目恭夫（訳）、岩波文庫、二〇〇八年。
R2-2.『生命とは何か それからの50年――未来の生命科学への指針』M・P・マーフィーほか（編）、堀裕和ほか（訳）、培風館、二〇〇一年。
R2-3. Another heritage from the RNA world: self-excision of intron seqences from nuclear pre-tRNA. Beir, H. and Gross, H. J. *NAR*, 24, 2212-2219. 1996.
R2-4. Telomeres shorten during aging of human fibroblasts. Harley, C. B., et al. *Nature*, 345, 458-460. 1990.
R2-5. Spontaneous network formation among cooperative RNA replicators. Validya, N., et al. *Nature*, 491, 72-77. 2012.
R2-6. Peptide nucleic acids rather than RNA may have been the first genetic molecule. Nelson, K. E., Levy, M. & Miller, S. L. *PNAS*, 97, 3868-3871. 2000.
R2-7. Ligation activity of fragmented ribozymes in frozen solution: implications for the RNA world. Vlassov, A. V., et al. *NAR*, 32, 2966-2974. 2004.

第三章　核をもつ怪物細胞の出現

R3-1. The hydrogen hypothesis for the first eukaryote. Martin, W. & Mueller, M. *Nature*, 392, 37-41. 1998.

R3-2. A hydrogen-producing mitochondrion. Embley, T. M. & Martin, W. *Nature*, 396, 517-519. 1998.

R3-3. Gene transfer from organelles to the nucleus: Frequent and big chunks. Martin, W. *PNAS*, 100, 8612-8614. 2003.

R3-4. Genomic evidence for two functionally distinct gene classes. Rivera, M. C., et al. *PNAS*, 95, 6239-6244. 1998.

R3-5. The ring of life provides evidence for a genome fusion origin of eukaryotes. Rivea, M. C. & Lake, J. *Nature*, 431, 152-155. 2004.

R3-6.『生命 最初の30億年——地球に刻まれた進化の足跡』A・H・ノール（著）、斉藤隆央（訳）、紀伊国屋書店、二〇〇五年。

R3-7.『ワンダフル・ライフ——バージェス頁岩と生物進化の物語』S・J・グールド（著）、渡辺政隆（訳）、ハヤカワ文庫NF、二〇〇〇年。

R3-8.『カンブリア紀の怪物たち』S・C・モリス（著）、松井孝典（監訳）、講談社現代新書、一九九七年。

R3-9. Archetypal organization of the amphioxus Hox gene cluster. Garcia-Fernandez, J. & Holland, P. W. H. *Nature*, 370, 563-566. 1994.

R3-10. Return of the amphioxus. Gee, H. *Nature*, 370, 504-505. 1994.

R3-11. Flexibly developed Pax genes in eye development at the early evolution animals demonstrated by studies on a hydrozoan jellyfish. Suga, H., et al. *PNAS*, 107, 14236-14268. 2010.

R3-12. Small Bilaterian Fossils from 40 to 55 Million Years Before the Cambrian. Chen, J-Y., et al. *Science*, 305, 218-222. 2004.

R3-13. Acute vision in the giant Cambrian predator Anomalocaris and the origin compound eyes. Paterson, JR., et al. *Nature*, 480, 237-240. 2011.

第四章　動物の世代交代

R4-1. Induction of pluripotent stem cells from mouse embryonic and adult fibroblast cultured by defined factors. Takahashi, K. & Yamanaka, S. *Cell*, 126, 663-676. 2006.

R4-2. Epigenetic regulation by large non-coding RNAs. Khalil, A. M. *Peanuts*, 10, 4-6. 2013.

R4-3. Epigenetic memory in induced pluripotent stem cells. Kim, K. *Nature*, 467, 285-292. 2010.
R4-4. Chromatin-modifying enzymes as modulators of reprograming. Onder, T. T., et al. *Nature*, 483, 598-602. 2012.
R4-5. A unique regulatory phase of DNA methylation in the early mammalian embryo. Smith, Z. D., et al. *Nature*, 484, 339-344. 2012.
R4-6. Troublesome memories. Zwak, T. P. *Nature*, 467, 280-281. 2010.

第五章　個体を超えた生命体

R5-1.『ミツバチの不思議　第二版』K・v・フリッシュ（著）、伊藤智夫（訳）、法政大学出版局、二〇〇五年。

R5-2.『ミツバチの世界――個を超えた驚きの行動を解く』J・タオツ（著）、丸野内棣（訳）、丸善、二〇一〇年。

細胞は会話する　生命現象の真の理解のために

2018年1月20日　第1刷印刷
2018年1月30日　第1刷発行

著　者　丸野内 棣

発行者　清水一人
発行所　青土社
〒101-0051　東京都千代田区神田神保町1-29　市瀬ビル
電話　03-3291-9831（編集部）　03-3294-7829（営業部）
振替　00190-7-192955

印　刷　ディグ
製　本　ディグ

装　幀　竹中尚史

ISBN978-4-7917-7040-3
Printed in Japan